미분적분학의 개정판
기초와 활용

이정례•곽태근•이성진•김원배•김봉진 지음

KYOWOO

머리말

창의적이고 융합적인 미래인재의 양성은 대학의 교육목적이다. 수학적 창의성은 현대 지식정보화 사회에서 국가 경쟁력 향상과 미래 산업을 선도해 나갈 창의적 인재의 필수 요건임을 누구도 부인하지 않는다. 또한 우리의 생활은 논리적 사고를 바탕으로 한 합리적 판단을 끊임없이 요구한다. 수학은 마음 속에 존재하는 관념적 대상을 다루는 학문이기 때문에, 우리의 지적인 사고 능력을 강화시키기 위해서 우리는 수학을 공부해야 한다. 이에 따라 논리적 사고력과 합리적 문제해결력을 중요시하는 수학이 대학교육의 근간이 되어 온 것이다.

수학의 활용, 특히 미분적분학의 활용 범위는 점차로 확대되어, 이제는 수학이 미치지 않는 곳이 없다고 해도 과언이 아니다. 따라서 수학은 자연과학, 공학은 물론 사회과학을 전공할 학생들에게도 필요한 학문이다. 하지만 안타깝게도 많은 학생들이 수학을 어렵게 느끼고 있다. 수학적 기초가 굳건하지 않으면 전공 공부에서 어려움에 부딪치게 될 것이다.

우리는 수학의 기초가 부족하다고 느끼는 학생들과 수학의 기초를 견고하게 공부하고 싶은 학생들을 위하여 이 책을 세상에 내놓았다. 공학인증을 준비하는 공학도들과 자연과학을 전공할 학생들에게 수학적 기초를 제공하는 교재로 꾸미기 위하여, 우리는 엄밀성을 강조하기보다는 수학적 개념을 이해하고 활용하는 데 중점을 두었다.

이 책의 주된 내용으로는, 먼저 함수의 극한과 연속에 관한 개념과 연속함수를 다루고, 삼각함수, 지수함수와 로그함수를 소개하며, 미분적분학의 기초인 다항함수의 미분법과 적분법을 중심으로 여러 가지 미분법과 적분법을 다룬다. 또한 미분과 적분의 다양한 활용을 다룬다.

이 책은 한 학기 강의에 적합하다. 이 책의 특징은 수학적 개념의 이해를 돕기 위해 쉬운 보기와 예제를 많이 다루었고, 폭넓은 이해를 위하여 연습문제를 많이 주었으며, 학생들의 편의를 돕고자 연습문제의 해답을 모두 제시하였다. 그래서 이 책은 고등학교 수준의 수학을 다시 공부하고 대학 수학을 위한 굳건한 초석이 될 것이며, 전공 공부를 위한 밑거름이 되어 줄 것이라 확신한다.

수학을 어렵고 지루하게만 느꼈던 학생들도 '나도 수학을 잘 할 수 있고, 수학 공부가 즐거우며, 수학은 유익하다.'는 것을 깨닫기를 소망하면서, 이 책을 썼다. 하지만 수학에 대한 애정과 노력이 없으면, 이 간절한 소망은 물거품이 될 것임을 명심해 주기 바란다.

끝으로 이 책의 출판을 맡아 주신 도서출판 교우사 여러분께 감사를 표한다.

저자 일동

차례

제 1 장

여러 가지 함수의 극한과 연속

우리의 생활과 자연 속에는 연속적으로 변화하는 현상이 많다. 이러한 현상을 이해하기 위하여 연속함수의 성질이 이용되며, 함수의 극한과 연속은 생활과 자연뿐 아니라 앞으로 배우게 될 미분과 적분에서도 필수적이다.

이 장에서는 미적분학의 중요한 개념인 함수의 극한과 연속에 대하여 공부한다. 먼저 실수와 함수의 기본 개념들을 배우고, 함수의 극한과 연속성을 다룬다. 또한 삼각함수, 지수함수와 로그함수를 정의하고, 그들의 극한을 다룬다.

1.1 함수와 역함수

미적분학에서 다루는 함수들은 대부분 실수에서 정의된다.

자연수 전체의 집합을 $\mathbb{N}$, 정수 전체의 집합은 $\mathbb{Z}$, 유리수 전체의 집합은 $\mathbb{Q}$, 그리고 실수 전체의 집합은 $\mathbb{R}$로 나타낼 때, 이들 집합 사이의 포함관계는 다음과 같다.

$$\mathbb{N} \subset \mathbb{Z} \subset \mathbb{Q} \subset \mathbb{R}$$

실수의 집합은 덧셈과 곱셈이 잘 정의되고 사칙계산이 가능하도록 하는 체(field)의 구조를 갖는다. 또 실수의 집합은 대소관계($<$, $>$, $=$)로 표현되는 순서(order)의 구조를 갖고 있다. 이 두 가지 성질은 유리수 집합에서도 성립하는 데, 유리수의 집합과 실수의 집합을 구별하는 중요한 실수만의 성질은 바로 실수의 완비성(completeness)이다.

이것을 직관적으로 말하면 실수를 연속적으로 늘어놓을 수 있다는 성질이며, 이러한 성질 때문에 실수의 집합을 연속성을 갖는 직선 위의 점들과 일대일 대응시킨 실직선(real line)으로 이해할 수 있는 것이다. 실수의 완비성은 미분적분학의 기초인 극한개념과 연관되어 있다.

열린 구간과 닫힌 구간

열린 구간(open interval):

$(a,\ b) = \{x \in \mathbb{R} \mid a < x < b\}$, $(-\infty,\ b) = \{x \in \mathbb{R} \mid x < b\}$,

$(a,\ \infty) = \{x \in \mathbb{R} \mid x > a\}$

닫힌 구간(closed interval):

$[a, b] = \{x \in \mathbb{R} \mid a \le x \le b\}$, $(-\infty,\ b] = \{x \in \mathbb{R} \mid x \le b\}$,

$[a,\ \infty) = \{x \in \mathbb{R} \mid x \ge a\}$

참고 $\mathbb{R} = (-\infty,\ \infty)$이고, $(a,\ b] = \{x \in \mathbb{R} \mid a < x \le b\}$ 또는 $[a,\ b) = \{x \in \mathbb{R} \mid a \le x < b\}$는 반닫힌 구간 또는 반열린 구간이라 한다.

한편 실수 a에 대하여 a의 절댓값(absolute value) $|a|$는 다음과 같이 정의된다.

$$|a| = \begin{cases} a, & a \ge 0 \\ -a, & a < 0 \end{cases}$$

예제 1 임의의 두 실수 a, b에 대하여 다음 삼각부등식이 성립함을 보여라.

$$|a+b| \le |a| + |b|$$

풀이 $-a \le |a|$이고 $-b \le |b|$이므로 $-(a+b) \le |a|+|b|$이다.
같은 방법으로 $a \le |a|$이고 $b \le |b|$이므로 $(a+b) \le |a|+|b|$이다.
따라서 절댓값의 정의에 의하여 $|a+b| \le |a|+|b|$이다. ■

공집합이 아닌, 실수의 두 부분집합 A와 B에 대하여, 집합 A의 각 원소 x에 집합 B의 단 하나의 원소 y가 대응되는 대응규칙 f를 A에서 B로의 **함수**(function)라 하고, $f: A \to B$로 나타낸다. 이때 A를 함수 f의 **정의역**(domain), B를 함수 f의 **공변역**(codomain)이라 하며, 또 y를 f에 의한 x의 **함숫값**(value) 또는 **상**(image)이라 하고, $f(x)$로 나타낸다. 정의역의 모든 x에 대하여 $f(x)$의 집합을 함수 f의 **치역**(range)이라 한다.

일반적으로 함수 $f: x \to f(x)$의 정의역은 $f(x)$가 정의되는 모든 실수 x의 집합이다. 예를 들면 함수

$$f: x \to \sqrt{x}$$

는 음이 아닌 모든 실수 x에 대해서만 정의되므로 함수 f의 정의역 D는 $D = \{x \in \mathbb{R} \mid x \ge 0\}$이다.

집합 D에서 정의된 두 함수 f와 g가 모든 $x \in D$에 대하여 $f(x) = g(x)$일 때, 두 함수 f와 g는 서로 같다고 하며, $f = g$로 나타낸다.

함수 $f: A \to B$에 대하여, $B = f(A)$일 때, f를 **위로(onto)의 함수**라고 하며, $x_1 \neq x_2$ $(x_1, x_2 \in A)$이면 $f(x_1) \neq f(x_2)$일 때, f를 **일대일함수**(one-to-one)라고 한다. 그리고 f가 위로인 동시에 단사일 때, f를 **일대일대응**(one-to-one correspondence)이라고 한다. 그리고 모든 $x \in A$에 대하여 $f(x) = x$인 함수를 **항등함수**(identity function)라고 하며 I_A 또는 I로 나타내고, 모든 $x \in A$에 대하여 $f(x) = c$(단, c는 상수)인 함수를 **상수함수**(constant function)라 한다.

예제 2 다음 함수 $f : \mathbb{R} \to \mathbb{R}$ 중에서 위로의 함수, 일대일함수, 일대일대응, 항등함수, 상수함수를 찾아라.

(1) $f(x) = x$ (2) $f(x) = x^3$

(3) $f(x) = (x+1)(x-1)(x-2)$ (4) $f(x) = \sqrt{3}$

풀이 위로의 함수 : (1), (2), (3)

일대일함수 : (1), (2)

일대일대응 : (1), (2)

항등함수 : (1)

상수함수 : (4) ■

두 함수 f, g가 주어졌을 때 함숫값 $f(x)$에서 함수 g가 정의되면, $g(f(x))$가 정의된다. 이때 실수 x에 대하여 $g(f(x))$를 대응시키는 함수를 f와 g의 **합성함수**(composition function)라 하고 $g \circ f$로 나타낸다. 즉 $(g \circ f)(x) = g(f(x))$이다.

예제 3 두 함수 $f(x) = x^2$, $g(x) = 3x+1$에 대하여 $g \circ f$와 $f \circ g$를 각각 구하라.

풀이 $(g \circ f)(x) = g(f(x)) = g(x^2) = 3x^2 + 1$,

$$(f \circ g)(x) = f(g(x)) = f(3x+1)$$
$$= (3x+1)^2 = 9x^2 + 6x + 1$$ ■

함수 $f : A \to B$ 가 일대일대응이거나 또는 증가(감소)하는 일대일함수이면, 임의의 $y \in B$에 대하여 $y = f(x)$가 되는 $x \in A$가 오직 하나 존재하므로 이 대응을 $f^{-1} : B \to A$ 로 나타내고, f의 **역함수**(inverse function)라 한다.

역함수

$$f(x) = y \Leftrightarrow x = f^{-1}(y)$$

$$f^{-1}(f(x)) = x, \quad f(f^{-1}(y)) = y$$

함수 $y=f(x)$의 그래프와 역함수 $y=f^{-1}(x)$의 그래프는 직선 $y=x$에 대하여 대칭이다.

보기

함수 $y=f(x)=4x-5 \quad (x \in \mathbb{R})$는 일대일대응이므로 역함수가 존재한다.

$y=4x-5$에서 $x=4y-5$, 즉 $y=\frac{1}{4}(x+5)$이므로 역함수는 다음과 같다.

$$y=f^{-1}(x)=\frac{1}{4}(x+5)$$

예제 4 다음 함수의 역함수를 구하라.

(1) $y=x^3+1 \ (x \in \mathbb{R})$ (2) $y=x^2+2x+3 \ (x \leq -1)$

풀이 (1) 함수 $y=x^3+1 \ (x \in \mathbb{R})$은 $\mathbb{R}$에서 $\mathbb{R}$로의 일대일대응이다.
$y=x^3+1$에서 $x=y^3+1$, 즉 $y=\sqrt[3]{x-1}$이므로 역함수는
$y=\sqrt[3]{x-1} \ (x \in \mathbb{R})$이다.

(2) 함수 $y=x^2+2x+3=(x+1)^2+2 \ (x \leq -1)$의 정의역은
$A=\{x \in \mathbb{R} \mid x \leq -1\}$이고 치역은 $B=\{y \in \mathbb{R} \mid y \geq 2\}$이므로, 이 함수는 A에서 B로의 일대일대응이다.
$y=(x+1)^2+2$에서 $x=(y+1)^2+2$, 즉 $(y+1)^2=x-2$이다.
$(y+1)^2=x-2$에서 $x \geq 2$이고 $y \leq -1$이므로 역함수는
$y+1=-\sqrt{x-2}$, 즉 $y=-\sqrt{x-2}-1$이다. ■

연습문제 1.1

1. 다음 함수의 정의역과 치역을 각각 구하라.

(1) $f(x) = x^2$　　　(2) $f(x) = \sqrt{x^2 - 1}$

2. 다음 함수 $f: A \to B$ 중 위로의 함수, 일대일함수, 일대일대응을 찾아라.

(1) $f(x) = 2x^3 - 3x^2 - 11x + 6$ (단, $A = \mathbb{R}$, $B = \mathbb{R}$)

(2) $f(x) = x^2$ (단, $A = \mathbb{R}$, $B = \{x | x \geq 0\}$)

(3) $f(x) = -\sqrt{-2x + 4}$ (단, $A = \{x | x \leq 2\}$, $B = \{x | x \leq 0\}$)

(4) $f(x) = \dfrac{2x + 4}{x - 1}$ (단, $A = \{x | x > 1\}$, $B = \mathbb{R}$)

3. 두 함수 $f(x) = x^2$, $g(x) = \sqrt{x}$ 에 대하여, $f \circ g$와 $g \circ f$를 각각 구하라.

4. 다음 함수의 역함수를 구하라.

(1) $y = x^2 - 2x + 1$ $(x \geq 1)$

(2) $y = \sqrt[3]{x} + 1$ $(x \in \mathbb{R})$

1.2 함수의 극한과 성질

실수 a를 포함하는 열린 구간을 a의 근방(neighborhood)이라 한다. 다음은 함수의 극한값에 관한 정의이다.

정의 1.1 함수의 극한값

함수 f가 a가 제외된 a의 근방의 모든 점에서 정의되어 있다고 하자.
x가 a에 한없이 가까워질 때 $f(x)$가 L에 한없이 가까워지면, L을 $x=a$에서 $f(x)$의 극한값이라 하고, 다음과 같이 나타낸다.

$$\lim_{x\to a} f(x) = L$$

여기서 x가 a에 한없이 가까이 가는 방법은 x가 a보다 작은 쪽에서 a에 한없이 가까이 가는 방법과 a보다 큰 쪽에서 a에 한없이 가까이 가는 방법이 있다. 이때의 극한값을 각각 좌극한, 우극한이라 하고, $\lim_{x\to a^-}$, $\lim_{x\to a^+}$와 같이 나타낸다.

보기

(1) $\lim_{x\to a} k = k$ (단, k는 상수)이고, $\lim_{x\to a} x = a$이다.

(2) 함수 $f(x)=2x+1$에서 x가 1에 한없이 가까워질 때, $f(x)$가 3에 한없이 가까워지므로 $\lim_{x\to 1}(2x+1)=3$이다.

(3) 함수

$$f(x) = \begin{cases} 0, & x<0 \\ 1, & x \geq 0 \end{cases}$$

에서 x가 0보다 작을 때에는 $f(x)=0$이므로 $\lim_{x\to 0^-} f(x)=0$이다.

또한 x가 0보다 클 때에는 $f(x)=1$이므로 $\lim_{x\to 0^+} f(x)=1$이다.

함수 f가 a가 제외된 a의 근방에 있는 모든 점에서 정의되었다고 하자.

x가 a에 한없이 가까이 갈 때 $f(x)$가 한없이 커지면 $\lim_{x\to a} f(x)=\infty$로 나타내고, $f(x)$가 한없이 작아지면 $\lim_{x\to a} f(x)=-\infty$로 나타낸다.

또 x가 한없이 커질 때 $f(x)$가 L에 한없이 가까이 가면 $\lim_{x\to\infty} f(x)=L$로 나타내고, x가 한없이 작아질 때 $f(x)$가 L에 한없이 가까이 가면 $\lim_{x\to-\infty} f(x)=L$로 나타낸다.

같은 방법으로 다음 극한들도 정의된다.

$$\lim_{x\to\infty} f(x)=\infty,\ \lim_{x\to\infty} f(x)=-\infty,\ \lim_{x\to-\infty} f(x)=\infty,\ \lim_{x\to-\infty} f(x)=-\infty$$

보기

(1) 함수 $f(x)=\dfrac{1}{x}$의 그래프는 오른쪽 그림과 같으므로 다음을 얻는다.

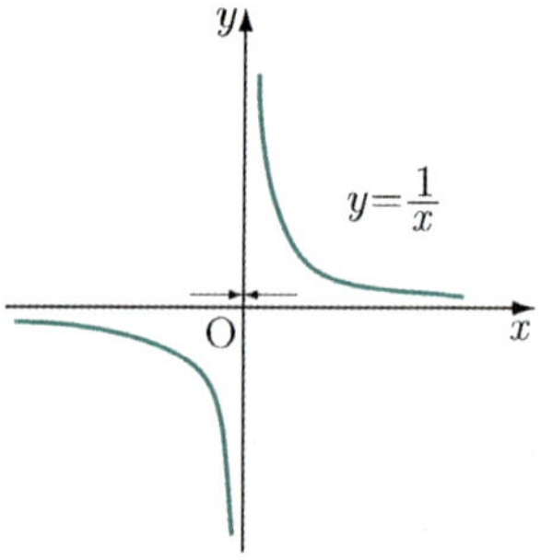

$$\lim_{x\to0^+}\frac{1}{x}=\infty,\quad \lim_{x\to0^-}\frac{1}{x}=-\infty,$$

$$\lim_{x\to\infty}\frac{1}{x}=0,\quad \lim_{x\to-\infty}\frac{1}{x}=0$$

(2) 함수 $f(x)=\dfrac{1}{x^2}$의 그래프와 함수 $f(x)=-\dfrac{1}{x^2}$의 그래프로부터 다음이 성립함을 알 수 있다.

$$\lim_{x\to0}\frac{1}{x^2}=\infty,\quad \lim_{x\to0}\left(-\frac{1}{x^2}\right)=-\infty,$$

$$\lim_{x\to\infty}\frac{1}{x^2}=0,\quad \lim_{x\to-\infty}\left(-\frac{1}{x^2}\right)=0$$

함수 $f(x)$에서 우극한 $\lim_{x\to a^+} f(x)$와 좌극한 $\lim_{x\to a^-} f(x)$가 모두 존재하고 서로 같으면 극한값 $\lim_{x\to a} f(x)$가 존재한다. 또 그 역도 성립한다.

우극한과 좌극한, 극한값

$$\lim_{x\to a^-} f(x) = \lim_{x\to a^+} f(x) = L \quad \Leftrightarrow \quad \lim_{x\to a} f(x) = L$$

다음은 a를 포함하는 적당한 열린 구간에서 정의된 함수 f의 극한 $\lim_{x\to a} f(x)$에 대한 엄밀한 수학적 정의이다.

정의 1.2 $\lim_{x\to a} f(x) = L$**의 엄밀한 정의**

$$\lim_{x\to a} f(x) = L \quad \Leftrightarrow$$

임의의 $\epsilon > 0$이 주어졌을 때, $0 < |x-a| < \delta$를 만족하는 모든 x에 대하여 $|f(x) - L| < \epsilon$이 성립하는 $\delta > 0$가 존재한다.

위의 정의를 이용하여 극한값을 구하는 것은 매우 힘든 일이다. 하지만, 엄밀한 정의에 의하여 증명된 다음 극한의 성질들을 이용하면 극한값을 쉽게 구할 수 있다.

정리 1.3 함수의 극한에 대한 성질

$\lim_{x\to a} f(x)$와 $\lim_{x\to a} g(x)$가 존재할 때, 다음이 성립한다.

① $\lim_{x\to a}\{f(x) \pm g(x)\} = \lim_{x\to a} f(x) \pm \lim_{x\to a} g(x)$ (단, 복부호 동순)

② $\lim_{x\to a} cf(x) = c\lim_{x\to a} f(x)$ (단, c는 상수)

③ $\lim_{x\to a} f(x)\,g(x) = \lim_{x\to a} f(x) \cdot \lim_{x\to a} g(x)$

④ $\lim_{x\to a} \dfrac{f(x)}{g(x)} = \dfrac{\lim_{x\to a} f(x)}{\lim_{x\to a} g(x)}$ $\left(\text{단, } \lim_{x\to a} g(x) \neq 0\right)$

참고 위의 성질은 $x\to a^+$, $x\to a^-$, $x\to\infty$, $x\to -\infty$ 일 때에도 성립한다.

보기

$$\lim_{x\to 2}(x^3+4x)=(\lim_{x\to 2}x)^3+4\lim_{x\to 2}x=2^3+4\times 2=16$$

$$\lim_{x\to -2}\frac{x}{|x|}=\lim_{x\to -2}\frac{x}{-x}=\lim_{x\to -2}(-1)=-1$$

다음은 함수의 극한을 구할 때에 편리하게 이용되는 성질이다.

정리 1.4 함수의 극한의 대소관계

$\lim_{x\to a}f(x)=L$, $\lim_{x\to a}g(x)=M$일 때, a의 근방에 있는 모든 x에 대하여

① $f(x)\le g(x)$이면 $L\le M$

② $f(x)\le h(x)\le g(x)$이고, $L=M$이면 $\lim_{x\to a}h(x)=L$

참고 $-|f(x)|\le f(x)\le |f(x)|$이므로 $\lim_{x\to a}|f(x)|=0$이면 $\lim_{x\to a}f(x)=0$이다.

연습문제 1.2

1. 다음 극한값을 구하라.

(1) $\lim_{x \to 0} \frac{x}{x-1}$ (2) $\lim_{x \to 2} \frac{x^2+1}{x^2+2}$

(3) $\lim_{x \to 0} \frac{\sqrt{1+x}-1}{x}$ (4) $\lim_{x \to 2} \frac{x-2}{x^2-4}$

2. 다음 극한값을 구하라. (단, $[x]$는 x보다 크지 않은 최대 정수이다.)

(1) $\lim_{x \to 1^+} \frac{[x]}{1+x}$ (2) $\lim_{x \to 0^-} \frac{[4x]}{1+x}$

3. 다음 극한이 존재하면 구하라.

(1) $\lim_{x \to 0} \frac{x}{|x|}$ (2) $\lim_{x \to a} \frac{x^3+a^3}{x+a}$

4. 다음 극한을 조사하라.

(1) $\lim_{x \to \infty} \frac{x}{1+x^2}$ (2) $\lim_{x \to 1} \frac{1}{(x-1)^2}$

5. 프랑스의 과학자 샤를은 압력이 일정할 때 기체의 부피는 기체의 종류에 상관없이 절대 온도에 비례한다는 샤를의 법칙을 발견하였다. 온도가 t℃ 일 때의 기체의 부피 V_t는 다음과 같다.

$$V_t = \left(1 + \frac{t}{273}\right) V_0 \quad (\text{단, } V_0 \text{는 } 0℃ \text{ 일 때의 기체의 부피이다.})$$

(1) 극한값 $\lim_{t \to -273} V_t$ 를 구하라.

(2) (1)을 이용하여, 기체의 부피가 0인 절대온도 0°K 가 되는 온도(℃)를 말하라.

1.3 연속함수

함수가 연속이라는 것은 그 함수의 그래프가 연결되어 있다는 것을 의미하며, 함수의 연속성은 함수의 극한을 이용하여 다음과 같이 정의된다.

정의 1.5 함수의 연속과 연속함수

함수 f가 a의 근방에서 정의되어 있다고 하자. 이때

$$\lim_{x \to a} f(x) = f(a)$$

를 만족하면 함수 f는 $x = a$에서 **연속**이라고 한다.

또 함수 f가 정의역의 모든 x에서 연속일 때, f를 **연속함수**라고 한다.

두 함수 $f(x)$, $g(x)$가 연속함수일 때,

$$f(x) \pm g(x),\ cf(x)\ (\text{단, } c\text{는 상수}),\ f(x)g(x),\ \frac{f(x)}{g(x)}\ (\text{단, } g(x) \neq 0)$$

는 모두 연속함수이다. 따라서 다항함수는 연속함수이고, 두 다항식의 몫인 분수함수는 분모가 0이 아닌 모든 x에서 연속이다.

정리 1.6 합성함수의 연속성

두 함수 f, g에 대하여 $\lim_{x \to a} g(x) = L$이고, f가 L에서 연속이면

$$\lim_{x \to a} f(g(x)) = f\left(\lim_{x \to a} g(x)\right) = f(L).$$

즉, g가 a에서 연속이고 f가 $g(a)$에서 연속이면, $f \circ g$는 a에서 연속이다.

참고 함수 $f: [a, b] \to \mathbb{R}$ 에서

f가 a에서 연속이라는 것은 $\lim_{x \to a^+} f(x) = f(a)$가 성립할 때이고,

f가 b에서 연속이라는 것은 $\lim_{x \to b^-} f(x) = f(b)$가 성립할 때를 말한다.

보기

함수 $f(x)=\sqrt{x^2+1}$ 은 다항함수 $g(x)=x^2+1$과 무리함수 $h(y)=\sqrt{y}$ 의 합성함수이다. 그런데 다항함수와 무리함수는 모두 연속이므로 함수

$$f(x)=(h \circ g)(x)=\sqrt{x^2+1}$$

도 연속이다.

닫힌 구간에서 연속인 함수에 대하여 다음의 **최댓값 · 최솟값 정리**가 성립한다.

정리 1.7 최댓값 · 최솟값 정리

함수 $f(x)$가 닫힌 구간 $[a,\ b]$에서 연속이면, $f(x)$는 이 구간에서 반드시 최댓값과 최솟값을 가진다.

보기

닫힌 구간 $[1, 3]$에서 연속인 함수 $f(x)=-x^2+2x+3$의 치역은 $[0, 4]$이므로 함수 $f(x)$의 최댓값은 $x=1$일 때 4이고, 최솟값은 $x=3$ 일 때 0이다.

또한 함수 $f(x)$가 닫힌 구간 $[a,\ b]$에서 연속이면 함수 $y=f(x)$의 그래프는 그 구간에서 이어져 있다.

그러므로 $f(a)\neq f(b)$이면 $f(a)$와 $f(b)$ 사이의 임의의 값 L에 대하여 직선 $y=L$과 함수 $y=f(x)$의 그래프는 적어도 한 점에서 만난다. 이것을 **중간값 정리**라고 한다.

정리 1.8 중간값 정리

함수 $f(x)$가 닫힌 구간 $[a, b]$에서 연속이고 $f(a)\neq f(b)$이면, $f(a)$와 $f(b)$ 사이의 임의의 값 k에 대하여 $f(c)=k$인 c가 열린 구간 $(a,\ b)$에 적어도 하나 존재한다.

중간값의 정리에 의하여 함수 $f(x)$가 닫힌 구간 $[a, b]$에서 연속이고 $f(a)$와 $f(b)$의 부호가 서로 다르면, 0은 $f(a)$와 $f(b)$ 사이의 값이므로 $f(c)=0$인 c가 a와 b사이에 적어도 하나 존재한다.

중간값 정리와 방정식의 실근

함수 f가 닫힌 구간 $[a, b]$에서 연속이고 $f(a)f(b)<0$ 이면, 방정식 $f(x)=0$은 열린 구간 (a, b)에서 적어도 하나의 실근을 갖는다.

예제 4 방정식 $x^3-x^2+2x-1=0$ 은 열린 구간 $(0, 1)$에서 적어도 하나의 실근을 가짐을 보여라.

풀이 $f(x)=x^3-x^2+2x-1$ 이라 놓으면 함수 $f(x)$는 실수 전체에서 연속이므로 닫힌 구간 $[0, 1]$에서도 연속이다.
이때 $f(0)=-1<0$이고 $f(1)=1>0$이다.
따라서 $f(0)<0<f(1)$ 이므로 중간값 정리에 의해 $f(c)=0$이 되는 c가 열린 구간$(0, 1)$에 적어도 하나 존재한다. 즉, 방정식 $x^3-x^2+2x-1=0$은 열린 구간 $(0, 1)$에서 적어도 하나의 실근을 가진다. ■

연습문제 1.3

1. 다음 함수 $y=f(x)$의 그래프를 보고 $x=c$에서의 연속성을 조사하라.

(1)

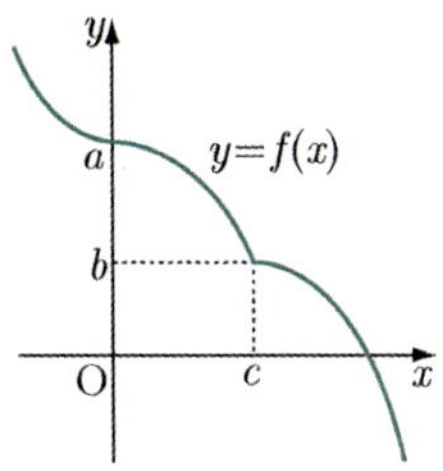

(2)

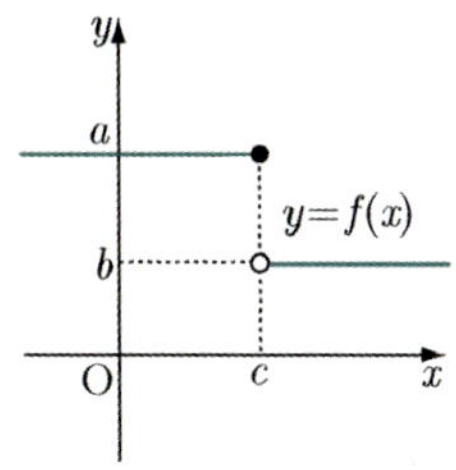

(3)

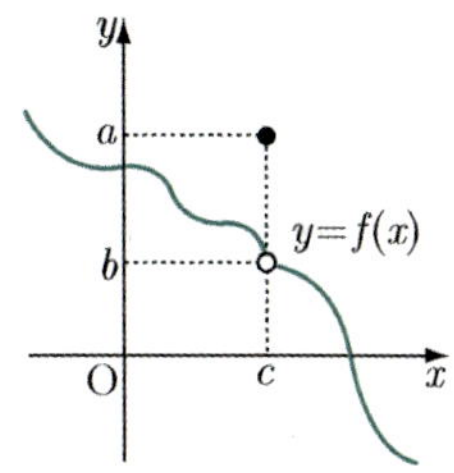

2. 다음 함수의 주어진 점에서 연속성을 조사하라.

(1) $f(x)=x^3+x$; $x=0$

(2) $f(x)=\begin{cases} \dfrac{x}{|x|} & (x\neq 0) \\ 0 & (x=0) \end{cases}$; $x=0$

(3) $f(x)=x^2+\dfrac{x^2}{1+x^2}+\dfrac{x^2}{(1+x^2)^2}+\dfrac{x^2}{(1+x^2)^3}+\cdots$; $x=0$

(4) $f(x)=\begin{cases} \dfrac{x-1}{x^2-1} & (x\neq -1,\ 1) \\ \dfrac{1}{2} & (x=1) \\ 0 & (x=-1) \end{cases}$; $x=1,\ -1$

3. 다음 함수가 연속인 구간을 모두 구하라.

(1) $f(x)=\sqrt{x-3}$

(2) $f(x)=\dfrac{x^3+2x-1}{x+1}$

4. 중간값의 정리를 이용하여 다음 방정식이 주어진 열린 구간에서 적어도 하나의 실근을 가짐을 보여라.

(1) $x^3+3x=2$, $(0,\ 1)$

(2) $x^7-4x+10=0$, $(-2,\ 0)$

1.4 삼각함수

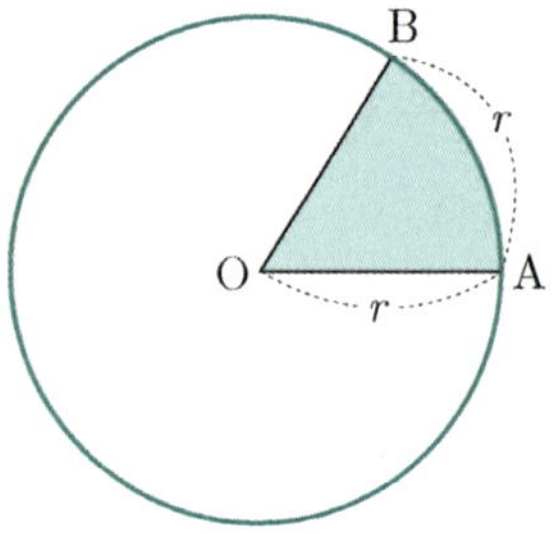

직각삼각형에서 정의된 삼각비는 실수 전체의 집합에서 정의되는 삼각함수로 확장된다. 반지름의 길이가 r인 원 O에서 길이가 r인 호 AB의 중심각의 크기 $\frac{180°}{\pi} \fallingdotseq 57°$를 1라디안(radian)이라 하고, 이것을 단위로 각의 크기를 나타내는 방법을 **호도법**이라 한다.

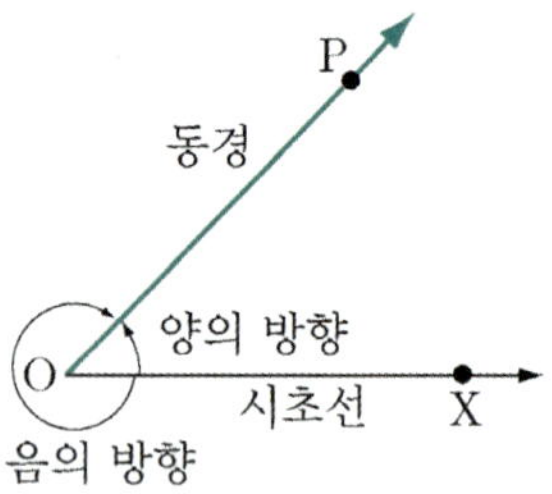

그림과 같이 $\overrightarrow{OX}$, $\overrightarrow{OP}$로 이루어진 $\angle XOP$의 크기는 $\overrightarrow{OP}$가 고정된 $\overrightarrow{OX}$에서 시작하여 점 O를 중심으로 회전한 양이다. 이때 $\overrightarrow{OX}$를 시초선, $\overrightarrow{OP}$를 동경이라고 한다.

동경 $\overrightarrow{OP}$가 반시계 방향으로 돌 때는 양의 방향, 시계방향으로 돌 때는 음의 방향이다.

일반적으로 시초선이 $\overrightarrow{OX}$인 $\angle XOP$의 크기 중 하나를 θ라 할 때, 동경 $\overrightarrow{OP}$가 나타내는 일반각은 호도법으로 $2n\pi+\theta$ (단, θ는 정수) 로 나타낼 수 있다.

육십분법과 호도법 사이의 관계

$$1\text{라디안} = \frac{180°}{\pi}, \quad 1° = \frac{\pi}{180}\text{라디안}$$

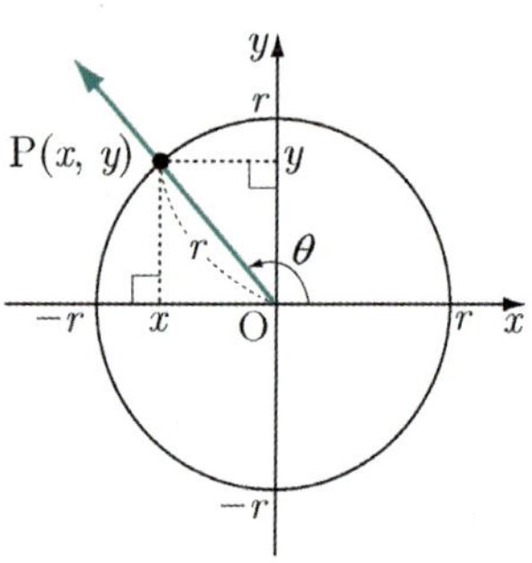

다음 그림과 같이 좌표평면에서 시초선이 양의 x축, 중심이 원점 O, 반지름의 길이가 r인 원에 대하여 각의 크기 θ를 정하고, θ를 나타내는 동경이 원 O와 만나는 점을 $\mathrm{P}(x, y)$라 하자.

이때 θ에 대한 삼각함수는 다음과 같이 정의된다.

삼각함수의 정의

$$\sin\theta = \frac{y}{r}, \qquad \csc\theta = \frac{r}{y}\ (\text{단, } y \neq 0),$$

$$\cos\theta = \frac{x}{r}, \qquad \sec\theta = \frac{r}{x}\ (\text{단, } x \neq 0),$$

$$\tan\theta = \frac{y}{x}\ (\text{단, } x \neq 0), \qquad \cot\theta = \frac{x}{y}\ (\text{단, } y \neq 0)$$

좌표평면에서 삼각함수의 그래프를 그릴 때에는 보통 독립변수는 θ 대신 x(라디안)을 사용하고, 종속변수는 y를 사용한다.

삼각함수의 그래프를 이용하면 삼각함수를 포함하고 있는 간단한 방정식과 부등식의 해를 구할 수 있다.

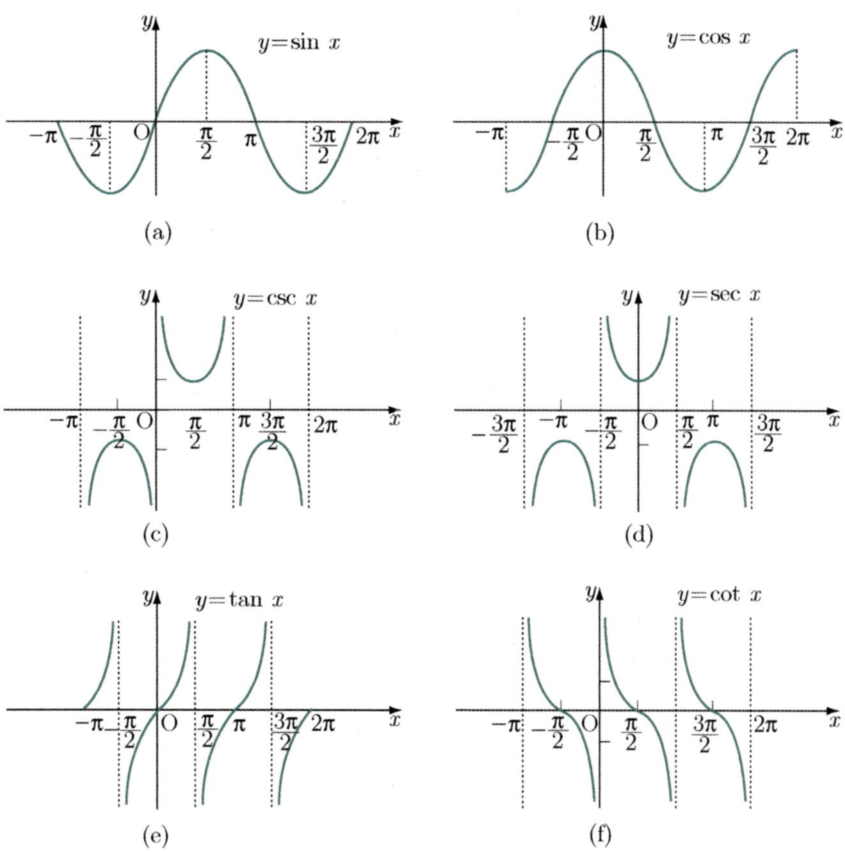

보기

(1) 방정식 $2\sin x-\sqrt{3}=0$ (단, $0\le x<2\pi$)을 풀어 보자.

$2\sin x-\sqrt{3}=0$에서 $\sin x=\dfrac{\sqrt{3}}{2}$이므로, 함수 $y=\sin x$의 그래프와 직선 $y=\dfrac{\sqrt{3}}{2}$의 교점의 x좌표가 구하는 해이다. 따라서 $0\le x<2\pi$이므로 구하는 해는 $x=\dfrac{\pi}{3}$ 또는 $x=\dfrac{2}{3}\pi$이다.

(2) 부등식 $2\cos x-1<0$ (단, $0\le x<2\pi$)을 풀어 보자.

$2\cos x-1<0$에서 $\cos x<\dfrac{1}{2}$이므로, 함수 $y=\cos x$의 그래프가 직선 $y=\dfrac{1}{2}$보다 아래쪽에 있는 부분의 x의 값의 범위가 구하는 해이다.

따라서 $0\le x<2\pi$이므로 구하는 해는 $\dfrac{\pi}{3}<x<\dfrac{5}{3}\pi$이다.

예제 1 다음 방정식 또는 부등식을 풀어라. (단, $0\le x<2\pi$)

(1) $2\cos x+\sqrt{3}=0$ (2) $\tan x<\sqrt{3}$

풀이 (1) $2\cos x+\sqrt{3}=0$에서 $\cos x=-\dfrac{\sqrt{3}}{2}$이므로, 함수 $y=\cos x$의 그래프와 직선 $y=-\dfrac{\sqrt{3}}{2}$의 교점의 x좌표가 구하는 해이다.

따라서 $0\le x<2\pi$이므로 구하는 해는 $x=\dfrac{5}{6}\pi$ 또는 $x=\dfrac{7}{6}\pi$이다.

(2) $\tan x<\sqrt{3}$이므로 함수 $y=\tan x$의 그래프가 직선 $y=\sqrt{3}$보다 아래쪽에 있는 부분의 x의 값의 범위가 구하는 해이다.

따라서 $0\le x<2\pi$이므로 구하는 해는 $0\le x<\dfrac{\pi}{3}$ 또는 $\dfrac{\pi}{2}<x<\dfrac{4}{3}\pi$ 또는 $\dfrac{3}{2}\pi<x<2\pi$이다. ■

삼각함수 사이의 관계와 여러 가지 공식을 소개하면 다음과 같다.

삼각함수 사이의 관계

$$\frac{\sin x}{\cos x}=\tan x, \quad \frac{\cos x}{\sin x}=\cot x$$

$$\sin^2 x+\cos^2 x=1, \quad 1+\tan^2 x=\sec^2 x, \quad 1+\cot^2 x=\csc^2 x$$

[삼각함수의 덧셈정리]

$\sin(x \pm y)=\sin x \cos y \pm \cos x \sin y$ (단, 복부호 동순)

$\cos(x \pm y)=\cos x \cos y \mp \sin x \sin y$ (단, 복부호 동순)

$\tan(x \pm y)=\dfrac{\tan x \pm \tan y}{1 \mp \tan x \tan y}$ (단, 복부호 동순)

[배각 공식]

$\sin 2x=2\sin x \cos x$

$\cos 2x=\cos^2 x-\sin^2 x=2\cos^2 x-1=1-2\sin^2 x$

$\tan 2x=\dfrac{2\tan x}{1-\tan^2 x}$

[반각 공식]

$\sin^2 \dfrac{x}{2}=\dfrac{1-\cos x}{2}, \quad \cos^2 \dfrac{x}{2}=\dfrac{1+\cos x}{2}$

[음각 공식]

$\sin(-x)=-\sin x, \ \cos(-x)=\cos x, \ \tan(-x)=-\tan x$

[합 · 차를 곱으로 고치는 공식]

$\sin x+\sin y=2\sin\dfrac{x+y}{2}\cos\dfrac{x-y}{2}$

$\sin x-\sin y=2\cos\dfrac{x+y}{2}\sin\dfrac{x-y}{2}$

$$\cos x + \cos y = 2\cos\frac{x+y}{2}\cos\frac{x-y}{2}$$

$$\cos x - \cos y = -2\sin\frac{x+y}{2}\sin\frac{x-y}{2}$$

[곱을 합 · 차로 고치는 공식]

$$\sin x \sin y = -\frac{1}{2}\{\cos(x+y) - \cos(x-y)\}$$

$$\cos x \cos y = \frac{1}{2}\{\cos(x+y) + \cos(x-y)\}$$

$$\sin x \cos y = \frac{1}{2}\{\sin(x+y) + \sin(x-y)\}$$

이제 삼각함수의 극한에 대하여 알아보자.

정리 1.9 삼각함수의 극한

$$\lim_{x\to 0}\frac{\sin x}{x} = 1$$

증명 먼저 $x > 0$ $\left(0 < x < \frac{\pi}{2}\right)$인 경우를 증명하자. 다음 그림에서

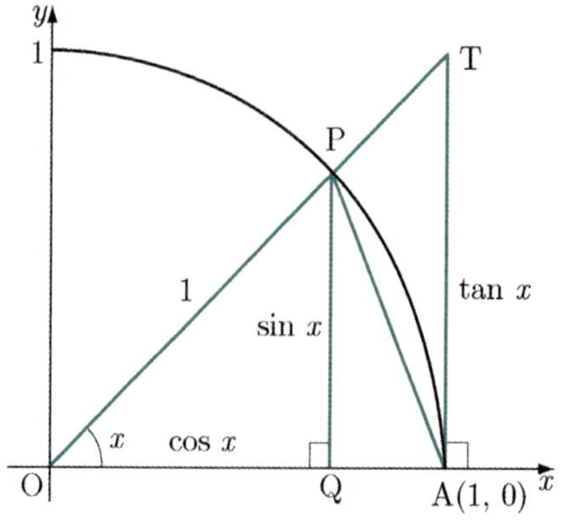

(삼각형 OAP 넓이) $\le$ (부채꼴 OAP 넓이) $\le$ (삼각형 OAT 넓이)

이므로

$$\frac{1}{2}\sin x \le \frac{1}{2}x \le \frac{1}{2}\tan x,\ \text{즉}\ \cos x \le \frac{\sin x}{x} \le 1$$

이다. 여기서 극한을 취하면

$$\lim_{x\to 0^+}\cos x \le \lim_{x\to 0^+}\frac{\sin x}{x} \le 1$$

이다. $\lim\limits_{x\to 0^+}\cos x = 1$ 이므로 함수의 극한의 대소관계(정리 1.4)에 의하여

$\lim\limits_{x\to 0^+}\frac{\sin x}{x} = 1$ 이다.

한편 $x < 0$ 인 경우에는 $-x = y$ 로 치환하면 $y > 0$ 이고 다음이 성립한다.

$$\lim_{x\to 0^-}\frac{\sin x}{x} = \lim_{y\to 0^+}\frac{\sin(-y)}{-y} = \lim_{y\to 0^+}\frac{\sin y}{y} = 1$$

따라서 $\lim\limits_{x\to 0^-}\frac{\sin x}{x} = 1 = \lim\limits_{x\to 0^+}\frac{\sin x}{x}$ 이므로 $\lim\limits_{x\to 0}\frac{\sin x}{x} = 1$ 이다. ■

보기

(1) $\lim\limits_{x\to 0}\dfrac{x}{\sin x} = \lim\limits_{x\to 0}\dfrac{1}{\dfrac{\sin x}{x}} = \dfrac{\lim\limits_{x\to 0}1}{\lim\limits_{x\to 0}\dfrac{\sin x}{x}} = \dfrac{1}{1} = 1$

(2) $\lim\limits_{x\to 0} x\cot x = \lim\limits_{x\to 0}\dfrac{x}{\sin x}\cdot\cos x$

$$= \lim_{x\to 0}\frac{x}{\sin x}\cdot\lim_{x\to 0}\cos x = 1\cdot 1 = 1$$

예제 2 다음 극한을 구하라.

(1) $\lim_{x\to 0}\frac{1-\cos x}{x}$ (2) $\lim_{x\to 0}\frac{\sin 2x}{x}$

풀이 (1) $\frac{1-\cos x}{x}=\frac{(1-\cos x)(1+\cos x)}{x(1+\cos x)}=\frac{\sin^2 x}{x(1+\cos x)}$

$$=x\cdot\left(\frac{\sin x}{x}\right)^2\cdot\frac{1}{1+\cos x}$$

이므로

$$\lim_{x\to 0}\frac{1-\cos x}{x}=\lim_{x\to 0}x\cdot\lim_{x\to 0}\left(\frac{\sin x}{x}\right)^2\cdot\lim_{x\to 0}\frac{1}{1+\cos x}$$

$$=0\cdot 1\cdot\frac{1}{2}=0$$

(2) $\theta=2x$로 놓으면 $x\to 0$일 때 $\theta\to 0$이다.

$$\lim_{x\to 0}\frac{\sin 2x}{x}=\lim_{\theta\to 0}\frac{\sin\theta}{\frac{1}{2}\theta}$$

$$=2\lim_{\theta\to 0}\frac{\sin\theta}{\theta}=2\cdot 1=2$$ ■

예제 3 극한값 $\lim_{x\to 0}x^2\sin\frac{1}{x}$을 구하라.

풀이 $-1\le\sin\frac{1}{x}\le 1$이므로 다음이 성립한다.

$$-x^2\le x^2\sin\frac{1}{x}\le x^2$$

또한 $\lim_{x\to 0}x^2=0=\lim_{x\to 0}(-x^2)$이므로 함수의 극한의 대소관계(정리 1.4)에 의하여 다음이 성립한다.

$$\lim_{x\to 0}x^2\sin\frac{1}{x}=0$$ ■

예제 4 함수 $f(x)=\begin{cases}x^2\sin\frac{1}{x}, & x\ne 0\\ c, & x=0\end{cases}$ 이 $x=0$에서 연속이 되도록 하는 상수 c의 값을 구하라.

풀이 함수 $f(x)$가 $x=0$ 에서 연속이 되려면 $\lim_{x\to 0}f(x)=f(0)$이어야 한다.

그런데 $f(0)=c$이고, 예제 3에 의하여 $\lim_{x\to 0}f(x)=0$이므로 $c=0$이다. ■

연습문제 1.4

1. 다음 방정식과 부등식을 풀어라.

(1) $\sin^2 x - 3\sin x + 2 = 0 \quad (0 \le x < 2\pi)$

(2) $-\dfrac{1}{2} \le \cos x \le \dfrac{1}{2} \quad (0 \le x < 2\pi)$

2. $\displaystyle\lim_{x\to 0}\frac{\tan x}{x} = 1$ 임을 보여라.

3. 다음 극한값을 구하여라.

(1) $\displaystyle\lim_{x\to 0}\frac{\sin 5x}{2x}$

(2) $\displaystyle\lim_{x\to 0}\frac{\sin 9x}{\sin 3x}$

(3) $\displaystyle\lim_{x\to 0}\frac{\tan 2x}{\sin 3x}$

(4) $\displaystyle\lim_{h\to 0}\frac{\sin^2 h}{h}$

(5) $\displaystyle\lim_{\theta\to 0}\frac{\sin^2\theta}{1-\cos\theta}$

(6) $\displaystyle\lim_{h\to 0}\frac{h^2}{1-\cos h}$

(7) $\displaystyle\lim_{\theta\to 0}\frac{\theta}{\cos\left(\frac{\pi}{2}-\theta\right)}$

(8) $\displaystyle\lim_{x\to 0}\frac{x}{\cos x}$

4. 다음 극한을 주어진 변수로 치환하여 구하라

(1) $\displaystyle\lim_{t\to\infty} t\sin\frac{1}{t}, \quad x = \frac{1}{t}$

(2) $\displaystyle\lim_{x\to -\infty} x\left(1-\cos\frac{1}{x}\right), \quad t = \frac{1}{x}$

(3) $\displaystyle\lim_{h\to\pi}\frac{\pi-h}{\sin h}, \quad x = \pi - h$

5. $\displaystyle\lim_{x\to 0}\sin\frac{1}{x}$ 의 값은 존재하는가?

6. 방정식 $\sin x + x + 1 = 0$ 은 열린 구간 $(-1,\ 0)$에서 적어도 하나의 실근을 가짐을 보여라.

1.5 지수함수와 로그함수

$a>0$일 때, 양의 정수 n에 대하여 $a^{-n}=\dfrac{1}{a^n}$이고 $a^0=1$로 정의하면, 거듭제곱은 지수가 정수인 경우까지 확장되며, 거듭제곱에서 성립하는 지수법칙은 정수 지수에서도 성립한다. 또 $m,\ n$이 양의 정수일 때, $a^{\frac{m}{n}}=\sqrt[n]{a^m}$으로 정의하면 지수는 유리수인 경우까지 확장되며, 유리수 지수일 때에도 지수법칙은 성립한다.

한편 무리수 $\sqrt{2}=1.41421356\cdots$에 한없이 가까워지는 유리수

$$1,\ 1.4,\ 1.41,\ 1.414,\ 1.4142,\ 1.41421,\ \cdots$$

을 각각 지수로 하는 다음 값은 일정한 수에 한없이 가까워진다는 사실이 알려져 있는 데, 이 수를 $3^{\sqrt{2}}$이라고 정의한다.

$$3^1,\ 3^{1.4},\ 3^{1.41},\ 3^{1.414},\ 3^{1.4142},\ 3^{1.41421},\ \cdots$$

이와 같은 방법으로 임의의 무리수 x에 대하여 3^x을 정의할 수 있다. 따라서 $a>0$일 때, 임의의 실수 x에 대하여 a^x을 정의할 수 있으며, 실수 지수일 때에도 다음 지수법칙이 성립한다.

지수법칙

$a>0,\ b>0$이고 $x,\ y$가 실수일 때

① $a^xa^y=a^{x+y}$ ② $a^x\div a^y=a^{x-y}$ ③ $(a^x)^y=a^{xy}$ ④ $(ab)^x=a^xb^x$

한편 $a>0$이고 $a\neq1$일 때, 임의의 양수 N에 대하여 등식 $a^x=N$을 만족시키는 실수 x는 오직 하나 존재한다. 이때 x는 a를 **밑**으로 하는 N의 **로그**라고 하고, 기호로 $\log_a N$과 같이 나타낸다. 이때 N은 $\log_a N$의 **진수**라고 한다.

로그의 정의

$a>0,\ a\neq1,\ N>0$일 때

$$a^x=N \iff x=\log_a N$$

로그의 정의와 지수법칙을 이용하면 다음과 같은 로그의 성질을 얻는다.

로그의 성질

$a>0,\ a\neq 1, M>0,\ N>0$일 때

① $\log_a 1=0,\ \log_a a=1$ ② $\log_a MN=\log_a M+\log_a N$

③ $\log_a \dfrac{M}{N}=\log_a M-\log_a N$ ④ $\log_a M^k=k\log_a M$ (단, k는 실수)

참고 $a>0,\ a\neq 1, b>0,\ c>0, c\neq 1$일 때, 로그의 밑의 변환 공식은

$$\log_a b=\frac{\log_c b}{\log_c a}$$

이다. 또 다음이 성립한다.

$$a^{\log_a b}=b,\ b^{\log_a c}=c^{\log_a b},\ \log_{a^p} b^q=\frac{q}{p}\log_a b\ \text{(단, } p, q \text{는 실수)}$$

이제 지수함수를 정의하고 지수함수의 역함수로서 로그함수를 정의하자.

$a>0$이고 $a\neq 1$일 때, 임의의 실수 x에 대하여 a^x의 값은 하나로 정해지므로 $y=a^x$은 x의 함수이다. 이와 같이 실수 전체의 집합을 정의역으로 하는 함수

$$y=a^x\,(a>0,\ a\neq 1)$$

을 a를 밑으로 하는 **지수함수**(exponential function) 라고 한다.

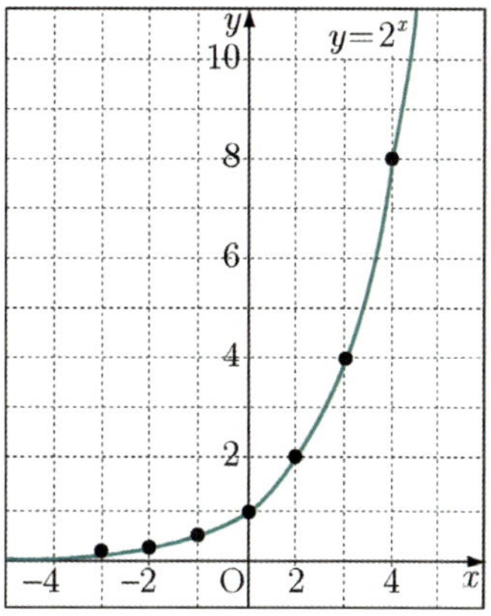

x의 여러 가지 값에 대응하는 2^x의 값을 구하여 좌표평면 위에 나타내고 매끄러운 곡선으로 연결하면 지수함수 $y=2^x$의 그래프가 된다.

이 그래프에서 알 수 있듯이, 지수함수 $y=2^x$의 정의역은 실수 전체의 집합이고 치역은 양의 실수 전체의 집합이며, x의 값이 증가하면 y의 값도 증가한다. 한편 지수함수 $y=2^x$의 그래프는 점 $(0,\ 1)$을 지나고, x의 값이 한없이 작아지면 y의 값은 0에 한없이 가까워지므로 x축은 지수함수 $y=2^x$의 그래프의 점근선이다.

보기

지수함수 $y = 2^x$ 의 그래프를 이용하면 지수함수 $y = \left(\frac{1}{2}\right)^x$ 의 그래프를 그릴 수 있다.

$y = \left(\frac{1}{2}\right)^x = 2^{-x}$ 이므로 지수함수 $y = \left(\frac{1}{2}\right)^x$ 의 그래프는 지수함수 $y = 2^x$ 의 그래프를 y축에 대하여 대칭이동한 것이다.

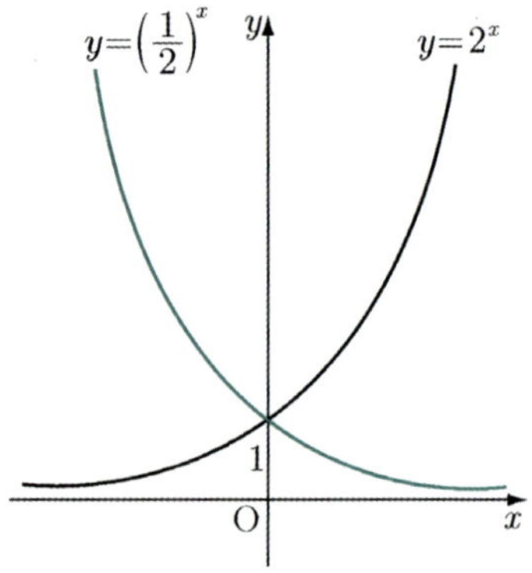

일반적으로 지수함수는 다음과 같은 성질을 가진다.

지수함수 $y = a^x\,(a > 0,\ a \neq 1)$의 성질

① 정의역은 실수 전체의 집합이고,
치역은 양의 실수 전체의 집합이다.

② $a > 1$일 때, x의 값이 증가하면 y의 값도 증가한다.
$0 < a < 1$일 때, x의 값이 증가하면 y의 값은 감소한다.

③ 그래프는 점 $(0,\ 1)$을 지나고, x축을 점근선으로 가진다.

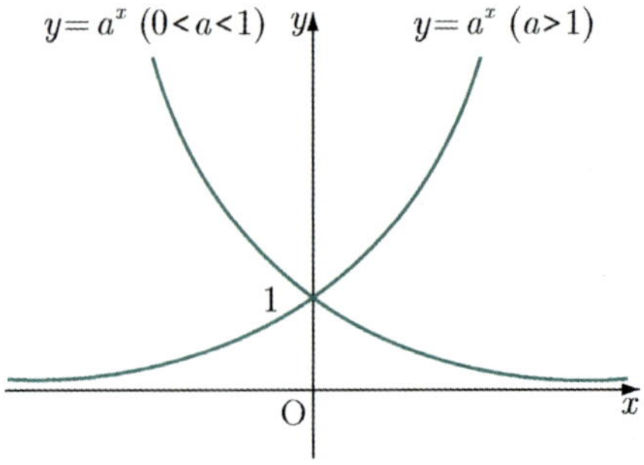

지수에 미지수를 포함하는 방정식 또는 부등식을 풀 때에는 다음을 이용한다.

지수방정식과 지수부등식의 풀이

① $a > 0,\ a \neq 1$일 때, $a^{x_1} = a^{x_2} \quad \Leftrightarrow \quad x_1 = x_2$

② $a > 1$일 때, $a^{x_1} < a^{x_2} \quad \Leftrightarrow \quad x_1 < x_2$

$0 < a < 1$일 때, $a^{x_1} < a^{x_2} \quad \Leftrightarrow \quad x_1 > x_2$

보기

(1) 방정식 $4^{2x} = 2^{3x-1}$을 풀어 보자.

$$4^{2x} = 2^{3x-1},\quad (2^2)^{2x} = 2^{3x-1},\quad 2^{4x} = 2^{3x-1}$$

이므로 $4x = 3x - 1$, 즉 $x = -1$이다.

(2) 부등식 $\left(\frac{1}{2}\right)^x \leq \left(\frac{1}{16}\right)^{x-1}$을 풀어 보자.

$$\left(\frac{1}{2}\right)^x \leq \left(\frac{1}{16}\right)^{x-1},\ \left(\frac{1}{2}\right)^x \leq \left\{\left(\frac{1}{2}\right)^4\right\}^{x-1},\ \left(\frac{1}{2}\right)^x \leq \left(\frac{1}{2}\right)^{4x-4}$$

이므로 $x \geq 4x - 4$, 즉 $x \leq \frac{4}{3}$이다.

지수함수 $y = a^x\,(a > 0,\ a \neq 1)$은 실수 전체의 집합에서 양의 실수 전체의 집합으로의 일대일대응이므로 지수함수 $y = a^x$의 역함수가 존재한다.

$y = a^x$에서 로그의 정의로부터 $x = \log_a y$이므로 이 등식에서 x와 y를 서로 바꾸면 지수함수 $y = a^x$의 역함수

$$y = \log_a x\ \ (a > 0,\ a \neq 1)$$

을 얻는 데, 이 함수를 a를 밑으로 하는 로그함수(logarithm function)라고 한다.

로그함수 $y = \log_a x\ \ (a > 0,\ a \neq 1)$는 지수함수 $y = a^x$의 역함수이므로 로그함수 $y = \log_a x$의 그래프는 지수함수 $y = a^x$의 그래프와 직선 $y = x$에 대하여 대칭이다.

일반적으로 로그함수는 다음과 같은 성질을 가진다.

로그함수 $y=\log_a x\,(a>0,\ a\neq 1)$의 성질

① 정의역은 양의 실수 전체의 집합이고, 치역은 실수 전체의 집합이다.

② $a>1$일 때, x의 값이 증가하면 y의 값도 증가한다.

  $0<a<1$일 때, x의 값이 증가하면 y의 값은 감소한다.

③ 그래프는 점 $(1,\ 0)$을 지나고, y축을 점근선으로 가진다.

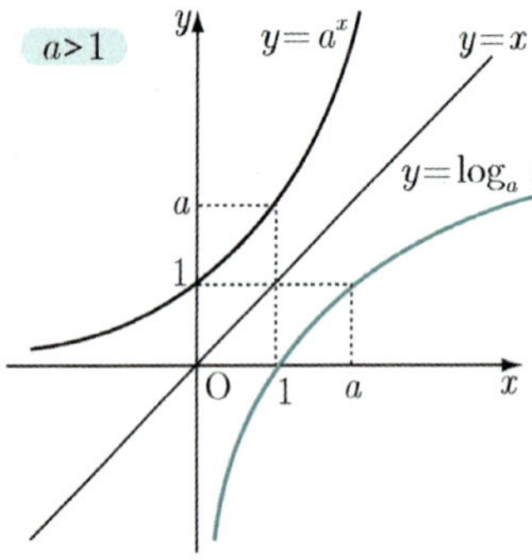

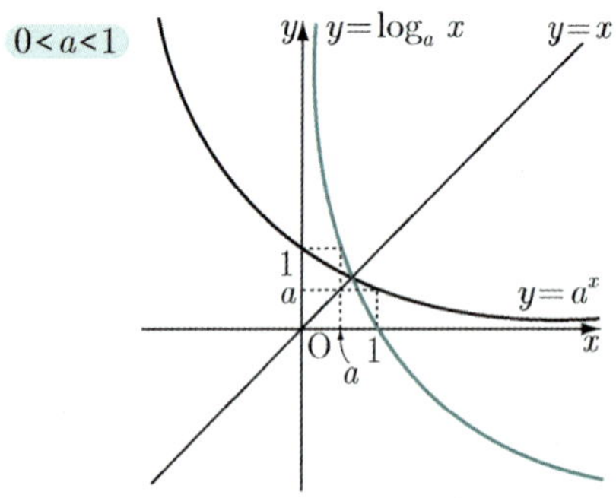

로그의 진수에 미지수를 포함하는 방정식 또는 부등식을 풀 때에는 다음을 이용한다.

로그방정식과 로그부등식

① $a>0,\ a\neq 1$이고 $x_1>0,\ x_2>0$일 때, $\log_a x_1=\log_a x_2 \iff x_1=x_2$

② $a>1$이고 $x_1>0,\ x_2>0$일 때, $\log_a x_1<\log_a x_2 \iff x_1<x_2$

  $0<a<1$이고 $x_1>0,\ x_2>0$일 때, $\log_a x_1<\log_a x_2 \iff x_1>x_2$

보기

(1) 방정식 $\log_3(2x+1)=2$를 풀어 보자.

진수의 조건에서 $2x+1>0$, 즉 $x>-\dfrac{1}{2}$이다.

또, $\log_3(2x+1)=2$에서 $\log_3(2x+1)=\log_3 9$, 즉 $2x+1=9$이므로 $x=4$이다.

그러므로 구하는 해는 $x=4$이다.

(2) 부등식 $\log_3 x>2$를 풀어 보자.

진수의 조건에서 $x>0$이다.

또, $\log_3 x>2$에서 $\log_3 x>\log_3 9$, 즉 $x>9$이다.

그러므로 구하는 해는 $x>9$이다.

한편 n이 한없이 커짐에 따라 $\left(1+\dfrac{1}{n}\right)^n$의 값은 어떤 일정한 수에 수렴하는 데, 그 극한값을 e로 나타낸다. 즉,

$$e=\lim_{n\to\infty}\left(1+\frac{1}{n}\right)^n$$

이다. 이때 e는 무리수이고

$$e=2.71828182845\cdots$$

이다. 한편 $x=\dfrac{1}{n}$이라 하면 $n\to\infty$ 일 때 $x\to 0$이므로 e는 다음과 같이 나타낼 수도 있다.

$$e=\lim_{x\to 0}(1+x)^{\frac{1}{x}}$$

또, e를 밑으로 하는 로그 $\log_e x$를 **자연로그**(natural logarithm)라고 하며, $\ln x$로 나타낸다. 이때 $\ln e=1$이고, $\ln 1=0$이다.

실수 x에 e를 밑으로 하는 지수 e^x을 대응시키는 지수함수 $y=e^x$과 로그함수 $y=\ln x$는 서로 역함수 관계에 있으므로, 이 두 함수의 그래프는 직선 $y=x$에 대하여 대칭이다.

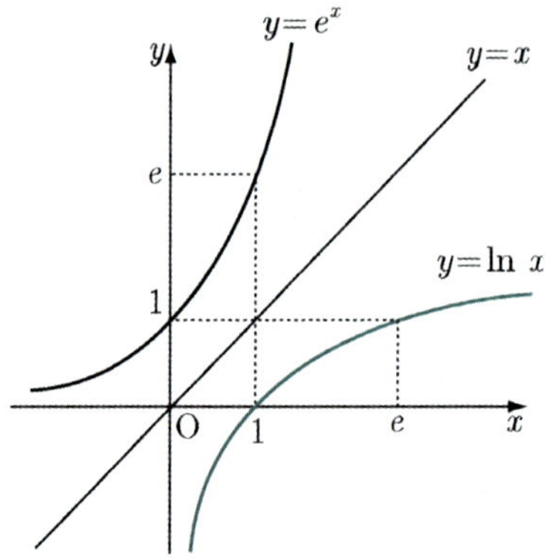

한편 미적분학에서는 $x>0$ 일 때 $\ln x = \int_1^x \frac{1}{t}\,dt$ 와 같이 정적분을 이용하여 로그함수 $\ln x$를 정의하기도 한다.

지수와 로그의 성질을 이용하면 다음을 얻을 수 있다.

지수와 로그

$a>0,\quad a\neq 1$일 때 다음이 성립한다.

① $a^x = e^{x\ln a}$

② $\log_a x = \dfrac{\ln x}{\ln a}$ $(x>0)$

이제 $\lim_{x\to 0}(1+x)^{\frac{1}{x}} = e$ 임을 이용하여 여러 가지 함수의 극한값을 구하여 보자.

보기

(1) $\lim_{x\to 0}(1+2x)^{\frac{1}{x}} = \lim_{x\to 0}\left\{(1+2x)^{\frac{1}{2x}}\right\}^2 = \lim_{t\to 0}\left\{(1+t)^{\frac{1}{t}}\right\}^2 = e^2$

(2) $\lim_{x\to 0}\dfrac{\ln(1+x)}{x} = \lim_{x\to 0}\ln(1+x)^{\frac{1}{x}} = \ln e = 1$

예제 1 다음 극한값을 구하라.

(1) $\lim_{x\to 0}\dfrac{e^x-1}{x}$　　　　(2) $\lim_{x\to 0}\dfrac{a^x-1}{x}\ (a>0)$

풀이 (1) $e^x-1=t$로 놓으면 $x=\ln(1+t)$이고 $x\to 0$일 때 $t\to 0$이므로

$$\lim_{x\to 0}\frac{e^x-1}{x} = \lim_{t\to 0}\frac{t}{\ln(1+t)} = \lim_{t\to 0}\frac{1}{\ln(1+t)^{\frac{1}{t}}} = \frac{1}{\ln e} = 1$$

(2) $a^x-1=t$로 놓으면

$$x=\log_a(1+t)=\frac{\ln(1+t)}{\ln a}$$

이고, $x\to 0$이면 $t\to 0$이다.

$\lim_{x\to 0}\dfrac{\ln(1+x)}{x} = \lim_{x\to 0}\ln(1+x)^{\frac{1}{x}} = \ln e = 1$이므로

$$\lim_{x\to 0}\frac{a^x-1}{x} = \lim_{t\to 0}\frac{t\ln a}{\ln(1+t)}$$

$$= \lim_{t\to 0}\frac{t}{\ln(1+t)}\cdot\ln a = 1\cdot\ln a = \ln a$$ ■

연습문제 1.5

1. 다음 방정식과 부등식을 풀어라.

(1) $\left(\frac{1}{2}\right)^{-x+2} = 2^{2x}$

(2) $\left(\frac{1}{3}\right)^{x+1} > 27^{-2x-1}$

(3) $\log_3(x+14) = \log_3(2+x)^2$

(4) $\log_{\frac{1}{3}}(x-2) \geq \log_{\frac{1}{3}}(4-x)$

2. 다음 식을 간단히 하라.

(1) $2\ln(x+1) - \ln x$

(2) $\frac{1}{2}\ln(x-9) + \frac{1}{2}\ln x$

(3) $\ln(x-2) - \ln(x+2) + 2\ln x$

(4) $\ln(x^2-9) - 2\ln(x-3) - \ln(x+3)$

3. 다음 등식이 성립하는 이유를 설명하라.

$$\lim_{x\to 0} \ln\left(\frac{\sin x}{x}\right) = 0$$

4. 다음 극한값을 구하라. (단, a는 1아닌 양수)

(1) $\lim_{x\to\infty}\left(1+\frac{a}{x}\right)^x$

(2) $\lim_{x\to 0}(1+ax)^{\frac{1}{x}}$

(3) $\lim_{x\to 0}\frac{\log_a(1+x)}{x}$

제 2 장

여러 가지 미분법

우리는 온도와 습도, 풍향과 풍속, 기압과 강수량의 변화를 분석하여 날씨를 예측한다. 날씨, 자동차의 속도, 인구증가, 물가 상승율 등 생활과 자연 속에는 시간에 따라 변하는 현상이 많은데, 이러한 현상을 이해하는 데 필수적인 수학이 미분이다. 자연과학의 발전의 초석이 된 미분은 라이프니츠와 뉴턴이 발견하였으며, 미분이 오늘날의 형태를 갖추게 된 것은 코시, 데데킨트 등이 극한이론을 엄밀하게 한 19세기 이후이다.

이 장에서는 미분계수와 도함수를 정의하고, 다항함수의 도함수를 구하며, 몫의 미분법과 합성함수, 음함수, 역함수의 미분법을 다루고, 초월함수의 도함수를 배운다.

2.1 도함수

함수 $y=f(x)$에서 x의 값이 a에서 b까지 변할 때, y의 값은 $f(a)$에서 $f(b)$까지 변한다. 이때 x의 값의 변화량 Δx에 대한 y의 값의 변화량 Δy의 비율 $\dfrac{\Delta y}{\Delta x}$를 x의 값이 a에서 b까지 변할 때의 함수 $y=f(x)$의 **평균변화율**이라 한다.

평균변화율

$$\frac{\Delta y}{\Delta x}=\frac{f(b)-f(a)}{b-a}=\frac{f(a+\Delta x)-f(a)}{\Delta x}$$

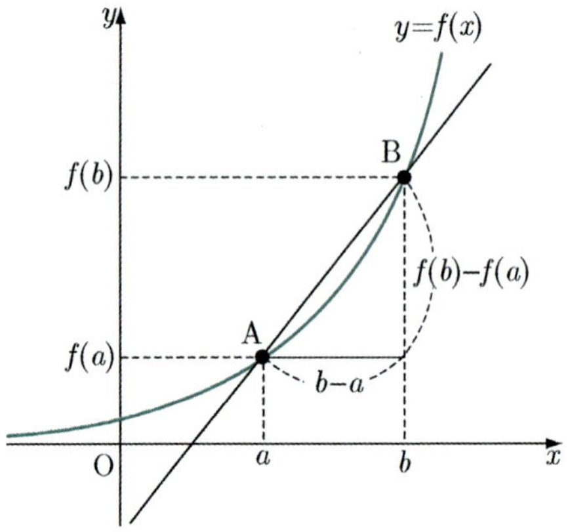

보기

함수 $f(x)=x^2+2x$에서 x의 값이 a에서 $a+\Delta x$까지 변할 때의 함수 $f(x)$의 평균변화율은 다음과 같다.

$$\begin{aligned}\frac{\Delta y}{\Delta x}&=\frac{f(a+\Delta x)-f(a)}{\Delta x}\\&=\frac{\{(a+\Delta x)^2+2(a+\Delta x)\}-(a^2+2a)}{\Delta x}\\&=2a+2+\Delta x\end{aligned}$$

예제 1 섭씨온도 C와 화씨온도 F 사이에는 $F = \frac{9}{5}C + 32$인 관계가 성립한다. 섭씨온도 C가 10에서 15까지 변할 때의 화씨온도 F의 평균변화율을 구하라.

풀이

$$\frac{\Delta F}{\Delta C} = \frac{F(15) - F(10)}{15 - 10}$$

$$= \frac{\left(\frac{9}{5} \cdot 15 + 32\right) - \left(\frac{9}{5} \cdot 10 + 32\right)}{5} = 9$$

■

함수 $y = f(x)$가 $x = a$의 근방에서 정의되어 있고, x가 a에서 $a + \Delta x$까지 변할 때의 함수 $f(x)$의 평균변화율의 극한값

$$\lim_{\Delta x \to 0} \frac{\Delta y}{\Delta x} = \lim_{\Delta x \to 0} \frac{f(a + \Delta x) - f(a)}{\Delta x}$$

가 존재하면, 함수 $f(x)$는 $x = a$에서 **미분가능**(differentiable)하다고 한다. 이때 이 극한값을 함수 $f(x)$의 $x = a$에서의 순간변화율 또는 **미분계수**(differential coefficient)라 하고, 기호로 $f'(a)$와 같이 나타낸다.

미분계수

$$f'(a) = \lim_{\Delta x \to 0} \frac{f(a + \Delta x) - f(a)}{\Delta x}$$

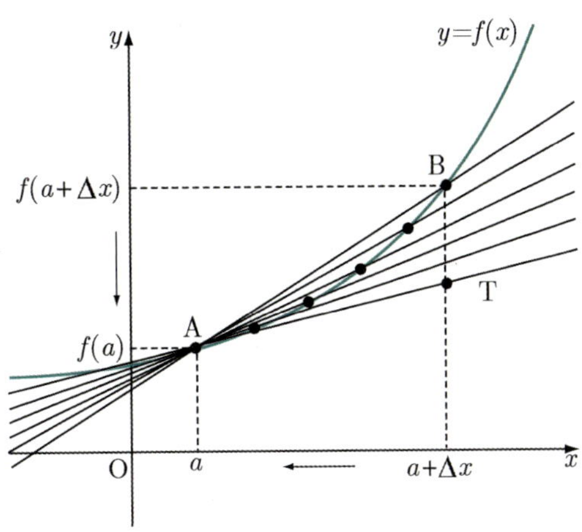

함수 $f(x)$에서 x의 값이 a에서 $a+\Delta x$까지 변할 때의 평균변화율은 곡선 $y=f(x)$ 위의 두 점 $\mathrm{A}(a,\ f(a))$, $\mathrm{B}(a+\Delta x,\ f(a+\Delta x))$를 잇는 직선 AB의 기울기이고, 미분계수 $f'(a)$는 점 $\mathrm{A}(a,\ f(a))$에서의 접선 AT의 기울기이다.

보기

함수 $f(x)=x^2-4x$의 $x=3$에서의 미분계수 $f'(3)$은 다음과 같다.

$$\begin{aligned} f'(3) &= \lim_{\Delta x \to 0} \frac{f(3+\Delta x)-f(3)}{\Delta x} \\ &= \lim_{\Delta x \to 0} \frac{2\Delta x+(\Delta x)^2}{\Delta x} \\ &= \lim_{\Delta x \to 0}(2+\Delta x)=2 \end{aligned}$$

직선운동을 하는 물체의 평균속도와 순간속도는 각각 평균변화율과 미분계수를 이용하여 구할 수 있다.

예제 2 어떤 물체가 x초 동안 낙하한 거리가 $f(x)=4.9x^2$ (m)이다.

(1) 물체가 낙하하기 시작한 후 1초부터 3초까지의 평균속도를 구하라.

(2) 물체가 낙하하기 시작한 후 1초에서의 순간속도를 구하라.

풀이 (1) $\dfrac{f(3)-f(1)}{3-1}=\dfrac{4.9\times 3^2-4.9\times 1^2}{2}$

$=19.6$(m/초)

(2) $$\begin{aligned} f'(1) &= \lim_{h \to 0} \frac{\{4.9\times(1+h)^2\}-\{4.9\times 1^2\}}{h} \\ &= \lim_{h \to 0} \frac{4.9(2h+h^2)}{h} \\ &= \lim_{h \to 0} 4.9(2+h) \\ &= 9.8(\text{m/초}) \end{aligned}$$

■

함수 $f(x)$가 $x=a$에서 미분가능하면 $f'(a)$가 존재한다. 따라서

$$\begin{aligned}\lim_{h\to 0}\{f(a+h)-f(a)\} &= \lim_{h\to 0}\frac{f(a+h)-f(a)}{h}\cdot h \\ &= \lim_{h\to 0}\frac{f(a+h)-f(a)}{h}\cdot \lim_{h\to 0} h \\ &= f'(a)\cdot 0 = 0\end{aligned}$$

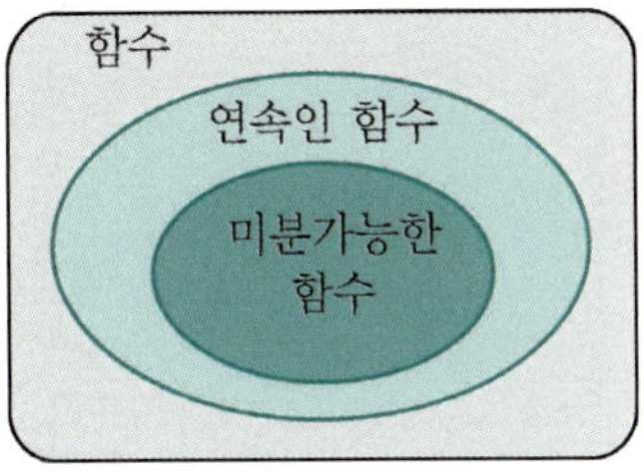

이므로 $\lim_{h\to 0} f(a+h)=f(a)$이다. 그러므로 함수 $f(x)$는 $x=a$에서 연속이다.

정리 2.1 미분가능성과 연속성

함수 $f(x)$가 $x=a$에서 미분가능하면, 함수 $f(x)$는 $x=a$에서 연속이다.

함수 $f(x)$의 $x=a$에서의 **좌미분계수** $f'_-(a)$와 **우미분계수** $f'_+(a)$를

$$f'_-(a)=\lim_{h\to 0^-}\frac{f(a+h)-f(a)}{h},$$

$$f'_+(a)=\lim_{h\to 0^+}\frac{f(a+h)-f(a)}{h}$$

와 같이 정의한다. 미분계수 $f'(a)$가 존재하기 위한 필요충분조건은 $f'_-(a)$와 $f'_+(a)$가 모두 존재하고, 이들이 서로 같은 것이다.

한편 정리 2.1에 의하여 $f(x)$가 미분가능한 함수이면 $f(x)$는 연속함수이다. 그러나 일반적으로 연속인 함수가 모두 미분가능한 것은 아니다. 다음은 연속이지만 미분가능하지 않는 함수의 예이다.

예제 3 함수 $f(x)=|x-2|$의 $x=2$에서의 연속성과 미분가능성을 조사하라.

풀이 $\lim_{x\to 2} f(x)=\lim_{x\to 2}|x-2|=0=f(2)$이므로, 함수 $f(x)=|x-2|$는 $x=2$에서 연속이다. 한편

$$f'_{-}(2)=\lim_{h\to 0^-}\frac{f(2+h)-f(2)}{h}$$
$$=\lim_{h\to 0^-}\frac{|h|-0}{h}=\lim_{h\to 0^-}\frac{-h}{h}=-1,$$
$$f'_{+}(2)=\lim_{h\to 0^+}\frac{f(2+h)-f(2)}{h}$$
$$=\lim_{h\to 0^+}\frac{|h|-0}{h}=\lim_{h\to 0^+}\frac{h}{h}=1$$

이므로, $x=2$에서의 좌미분계수와 우미분계수가 일치하지 않는다.
따라서 함수 $f(x)=|x-2|$는 $x=2$에서 미분가능하지 않다. ■

이제 도함수를 정의해 보자.

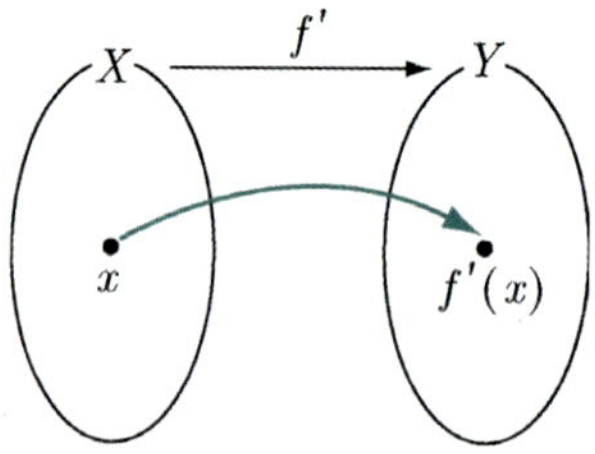

함수 $f(x)=3x^2$은 실수 a의 값이 정해지면 $f'(a)=6a$의 값이 하나씩 정해지므로 모든 실수에서 미분가능하다. 이와 같이, 함수 $y=f(x)$가 정의역의 모든 x에서 미분가능하면 **미분가능한 함수**라고 한다.

또한 함수 $y=f(x)$가 미분가능한 함수일 때, 정의역의 모든 x에 대하여 x에서의 미분계수 $f'(x)$를 대응시키면 새로운 함수 $f'(x)$를 얻을 수 있다. 이때 함수 $f'(x)$를 함수 $f(x)$의 **도함수**(derivative)라 하고, 기호로 다음과 같이 나타낸다.

$$f'(x),\ y',\ \frac{dy}{dx},\ \frac{d}{dx}f(x)$$

정의 2.2

함수 $f(x)$가 정의역의 모든 x에서 미분가능하면, $f(x)$는 미분가능한 함수라 하고, x에 $f'(x)$를 대응시키는 함수를 $f(x)$의 **도함수**라 한다. 즉,

$$f'(x)=\lim_{h\to 0}\frac{f(x+h)-f(x)}{h}$$

미분가능한 함수 $f(x)$의 도함수 $f'(x)$를 구하는 것을 $f(x)$를 x에 대하여 **미분한다**고 하며, 그 계산법을 **미분법**이라고 한다.

예제 4 다음 함수를 미분하라.

(1) $f(x)=3x+2$　　　(2) $y=x^3+x$

풀이 (1) $f'(x)=\lim_{h\to 0}\frac{\{3(x+h)+2\}-(3x+2)}{h}$

$$=\lim_{h\to 0}\frac{3h}{h}=3$$

(2) $y'=\lim_{h\to 0}\frac{\{(x+h)^3+(x+h)\}-(x^3+x)}{h}$

$$=\lim_{h\to 0}\frac{3x^2h+3xh^2+h^3+h}{h}$$

$$=\lim_{h\to 0}(3x^2+3xh+h^2+1)=3x^2+1$$

■

한편 함수 $f(x)=3x^2$의 도함수 $f'(x)=6x$도 미분가능한 함수이다. 이때 함수 $f'(x)$의 도함수는 $(f')'(x)=(6x)'=6$이다.

이와 같이 함수 $y=f(x)$의 도함수 $f'(x)$가 미분가능할 때, $f'(x)$의 도함수

$$\lim_{h\to 0}\frac{f'(x+h)-f'(x)}{h}$$

를 함수 $f(x)$의 **이계도함수**(second order derivative)라 하며, 기호로 다음과 같이 나타낸다.

$$f''(x),\ y'',\ \frac{d^2y}{dx^2},\ \frac{d^2}{dx^2}f(x)$$

예제 5 다음 함수의 이계도함수를 구하라.

(1) $y=x^2+1$　　　(2) $f(x)=x^3+x$

풀이 (1) $y'=\lim_{h\to 0}\frac{(x+h)^2+1-(x^2+1)}{h}=\lim_{h\to 0}(2x+h)=2x$이므로

$$y''=\lim_{h\to 0}\frac{2(x+h)-2x}{h}=\lim_{h\to 0}2=2$$

(2) 예제 4에서 $f'(x) = 3x^2 + 1$ 이므로

$$f''(x) = \lim_{h \to 0} \frac{3(x+h)^2 + 1 - (3x^2+1)}{h}$$
$$= \lim_{h \to 0}(6x + 3h) = 6x$$

■

함수 $f(x) = x^3 + x$ 에서 $f'(x) = 3x^2 + 1$, $f''(x) = 6x$ 이다. 이때 $f(x)$의 이계도함수 $f''(x)$가 미분가능하고 다음이 성립한다.

$$(f'')'(x) = \lim_{h \to 0} \frac{6(x+h) - 6x}{h} = \lim_{h \to 0} 6 = 6$$

이때 $(f'')'(x) = 6$을 $f(x)$의 3계도함수라 하고 $f'''(x)$ 또는 $f^{(3)}(x)$로 나타낸다.

이와 같이 함수 $y = f(x)$가 계속 미분가능하면 $n \geq 3$인 자연수 n에 대하여, 함수 $f(x)$의 **n계도함수**를 구할 수 있으며, 이것을 $f^{(n)}(x)$, 또는 $y^{(n)}$으로 나타낸다.

n계도함수

$$f^{(n)}(x) = \frac{d^n}{dx^n} f(x) = \frac{d}{dx}[f^{(n-1)}(x)]$$

연습문제 2.1

1. x가 a에서 $a+\Delta x$까지 변할 때, 함수 $f(x)=x^3+1$의 평균변화율을 구하라.

2. 다음 함수에 대하여, 주어진 $x=a$에서의 미분계수를 구하라.

(1) $f(x)=2000,\ \ a=10$　　　　(2) $f(x)=x^2-3,\ \ a=\sqrt{3}$

3. 함수 $f(x)=\begin{cases} x^2+1, & x\ge 1 \\ 2x, & x<1 \end{cases}$ 의 $x=1$에서의 미분가능성을 조사하라.

4. 다음 함수의 $x=0$에서의 미분가능성을 조사하여라.

(1) $f(x)=\begin{cases} x\sin\dfrac{1}{x}, & x\ne 0 \\ 0, & x=0 \end{cases}$　　　　(2) $f(x)=\begin{cases} x^2\sin\dfrac{1}{x}, & x\ne 0 \\ 0, & x=0 \end{cases}$

5. 함수 $y=f(x)$의 그래프가 그림과 같을 때, $f(x)$가 연속이지만 미분가능하지 않은 x의 값을 구하라.

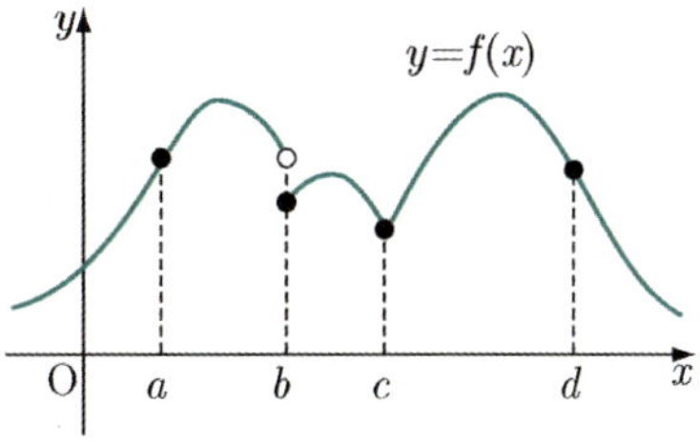

6. 도함수의 정의에 의하여, 다음 함수의 도함수를 구하라.

(1) $y=-\dfrac{1}{x}$　　　　(2) $y=\sqrt{x}$

7. 함수 $y=\sqrt{3}\,x^2+\pi$의 이계도함수와 3계도함수를 각각 구하라.

8. 배양을 시작한 지 x시간 후 어느 박테리아의 밀도를 나타내는 함수 $f(x)$가 미분가능하다. $f'(0)=1$이고 음이 아닌 실수 x, y에 대하여

$$f(x+y)=f(x)+f(y)+xy$$

일 때, 7시간 후의 박테리아 밀도의 순간변화율을 구하라.

2.2 다항함수의 미분법

복잡한 함수의 도함수를 구할 때, 도함수의 정의를 이용하여 극한을 계산하는 일이 번거롭기 때문에 여러 가지 미분법 공식을 이용하면 편리하다.

이 절에서는 함수 x^n(단, n은 음이 아닌 정수)의 도함수 공식과 함수의 상수배, 두 함수의 합, 차 곱의 미분법 공식을 알아보고, 다항함수의 도함수를 구하여 보자.

먼저 n이 양의 정수일 때, 함수 $f(x)=x^n$의 도함수는

$$\begin{aligned} f'(x) &= \lim_{h\to 0}\frac{f(x+h)-f(x)}{h} = \lim_{h\to 0}\frac{(x+h)^n - x^n}{h} \\ &= \lim_{h\to 0}\frac{1}{h}\left[\left(x^n + nx^{n-1}h + \frac{n(n-1)}{2!}x^{n-2}h^2 + \cdots + h^n\right) - x^n\right] \\ &= \lim_{h\to 0}\left[nx^{n-1} + h\left(\frac{n(n-1)}{2!}x^{n-2} + \cdots + h^{n-2}\right)\right] \\ &= nx^{n-1} \end{aligned}$$

이다. 한편 함수 $f(x)=c$(단, c는 상수)의 도함수는

$$f'(x) = \lim_{h\to 0}\frac{f(x+h)-f(x)}{h} = \lim_{h\to 0}\frac{c-c}{h} = 0$$

이므로, 다음이 성립한다.

x^n의 도함수

$$(x^n)' = nx^{n-1} \text{ (단, } n\text{은 음이 아닌 정수)}$$

보기

두 함수 $f(x)=2015$, $g(x)=x^5$의 도함수는 다음과 같다.

$$f'(x)=0, \quad g'(x)=5x^{5-1}=5x^4$$

예제 1 다음 함수를 미분하라.

(1) $f(x) = -100\sqrt{2}$ (2) $f(x) = x^{100}$

풀이 (1) $f'(x) = (-100\sqrt{2})' = 0$

(2) $f'(x) = (x^{100})' = 100x^{99}$ ■

다음은 미분가능한 함수의 실수배, 합, 차, 곱으로 이루어진 함수의 미분법이다.

정리 2.3 함수의 실수배, 합, 차, 곱의 미분법

두 함수 $f(x)$, $g(x)$가 미분가능하면 함수 $cf(x)$(단, c는 실수), $f(x) \pm g(x)$, $f(x)g(x)$도 미분가능하고, 다음이 성립한다.

① $\{cf(x)\}'(x) = cf'(x)$

② $\{f(x) \pm g(x)\}' = f'(x) \pm g'(x)$ (단, 복부호 동순)

③ $\{f(x)g(x)\}' = f'(x)g(x) + f(x)g'(x)$

증명 (1), (2)는 도함수의 정의와 극한에 대한 성질로부터 쉽게 얻어진다.

(3)
$$\begin{aligned}\{f(x)g(x)\}' &= \lim_{h\to 0}\frac{f(x+h)g(x+h)-f(x)g(x)}{h}\\ &= \lim_{h\to 0}\frac{f(x+h)g(x+h)-f(x)g(x+h)+f(x)g(x+h)-f(x)g(x)}{h}\\ &= \lim_{h\to 0}\frac{f(x+h)-f(x)}{h}\cdot\lim_{h\to 0}g(x+h)+f(x)\cdot\lim_{h\to 0}\frac{g(x+h)-g(x)}{h}\\ &= f'(x)g(x)+f(x)g'(x)\end{aligned}$$
■

도함수 공식 $(x^n)' = nx^{n-1}$ (단, n은 음이 아닌 정수)와 함수의 실수배, 두 함수의 합과 차, 곱의 미분법 공식을 이용하여 다항함수의 도함수를 구하여 보자.

예제 2 다음 함수를 미분하라.

(1) $f(x)=\dfrac{1}{5}x^5$ (2) $f(x)=x^2+x$

(3) $y=3x^4-\sqrt{2}$ (4) $y=(2x+1)(3x^2-x)$

풀이 (1) $f'(x)=\left(\dfrac{1}{5}x^5\right)'=\dfrac{1}{5}(x^5)'=\dfrac{1}{5}\cdot 5\cdot x^4=x^4$

(2) $f'(x)=(x^2)'+(x)'=2\cdot x+1=2x+1$

(3) $y'=(3x^4-\sqrt{2})'=(3x^4)'-(\sqrt{2})'=3\cdot 4x^3-0=12x^3$

(4) $y'=(2x+1)'(3x^2-x)+(2x+1)(3x^2-x)'$

$=2(3x^2-x)+(2x+1)(6x-1)=18x^2+2x-1$ ■

보기

함수 $f(x)=(x^4+x)^2$을 미분하면 다음과 같다.

$$f'(x)=2(x^4+x)(x^4+x)'=2(x^4+x)(4x^3+1)$$

또한 미분가능한 두 함수의 합과 곱에 대하여 성립하는 미분법 공식은 다음과 같이 미분가능한 세 함수 $f(x)$, $g(x)$, $h(x)$의 합과 곱에 대하여도 성립함을 알 수 있다.

$\{f(x)+g(x)+h(x)\}'=f'(x)+g'(x)+h'(x)$,

$\{f(x)g(x)h(x)\}'=f'(x)g(x)h(x)+f(x)g'(x)h(x)+f(x)g(x)h'(x)$

예제 3 다음 함수를 미분하라.

(1) $f(x)=x^4-\sqrt{2}x^3+x$ (2) $y=(x+1)(x+2)(x+3)$

(3) $y=(x^2+5x-1)^2$

풀이 (1) $f'(x)=(x^4)'-(\sqrt{2}x^3)'+(x)'=4x^3-3\sqrt{2}x^2+1$

(2) $y'=(x+1)'(x+2)(x+3)+(x+1)(x+2)'(x+3)$

$+(x+1)(x+2)(x+3)'$

$=(x+2)(x+3)+(x+1)(x+3)+(x+1)(x+2)$

$=3x^2+12x+11$

(3) $y'=2(x^2+5x-1)(x^2+5x-1)'$

$=2(x^2+5x-1)(2x+5)$

$=2(2x+5)(x^2+5x-1)$ ■

미분가능한 함수 $f(x)$의 도함수 $f'(x)$를 구한 후, $f'(x)$에 $x=a$를 대입하면 미분계수 $f'(a)$를 구할 수 있다.

예제 4 함수 $f(x)=(1-3x)^2(1+2x+x^3)$에 대하여 $f'(-1)$을 구하라.

풀이 $f'(x)=2(1-3x)(1-3x)'(1+2x+x^3)+(1-3x)^2(1+2x+x^3)'$

$=-6(1-3x)(1+2x+x^3)+(1-3x)^2(2+3x^2)$

이므로

$f'(-1)=-6(1+3)(1-2-1)+(1+3)^2(2+3\cdot 1)=128$ ■

이제 다항함수의 n계도함수를 구해보자.

보기

함수 $f(x)=x^4+3x$에서 n계도함수는 다음과 같다.

$$f'(x)=4x^3+3,\ f''(x)=12x^2,\ f^{(3)}(x)=24x,\ f^{(4)}(x)=24,$$
$$f^{(5)}(x)=f^{(6)}(x)=\cdots=0$$

예제 5 함수 $f(x)=x^k$ (단, k는 자연수)의 n계도함수를 구하라.

풀이 $f'(x)=kx^{k-1}$

$f''(x)=k(k-1)x^{k-2}$

$\vdots$

$f^{(n)}(x)=k(k-1)\cdots(k-n+1)x^{k-n}$

$\vdots$

$f^{(k)}(x)=k(k-1)\cdot\cdots\cdot 3\cdot 2\cdot 1=k!$

$f^{(k+1)}(x)=(k!)'=0$

$\vdots$

$$\therefore\ f^{(n)}(x)=\begin{cases} k(k-1)\cdots(k-n+1)x^{k-n}, & n\le k \\ 0, & n>k \end{cases}$$ ■

연습문제 2.2

1. 다음 함수를 미분하라.

(1) $f(x)=1$

(2) $f(x)=x^{100}$

(3) $f(x)=x^2+3x$

(4) $f(x)=x^4-x^2$

(5) $f(x)=(x-1)(x-2x^2)$

(6) $f(x)=(3x^2+x)(x^7+4)$

2. 다음 함수를 미분하라.

(1) $y=4x^6+2x^3-1$

(2) $y=2-3x-4x^2$

(3) $y=\dfrac{1}{3}x^3+\dfrac{1}{2}x^2+x+5$

(4) $y=x(x^2+1)(2x-1)$

3. 다음 함수에 대하여 $f'(3)$을 구하라.

(1) $f(x)=(1-x^2)(1-x^3)$

(2) $f(t)=t^3-t$

4. 미분가능한 함수 $f(x)$에 대하여 $\dfrac{d}{dx}\{f(x)\}^3=3f(x)^2\cdot f'(x)$을 유도하라.

또, 함수 $y=(x^2+x)^3$에 대하여, y'과 y''을 각각 구하라.

5. 주어진 조건을 만족시키는 함수 $f(x)$에 대하여 다음 극한값을 구하라.

(1) $f(1)=3,\ f'(1)=2$일 때, $\displaystyle\lim_{x\to1}\frac{xf(1)-f(x)}{x-1}$

(2) $f(1)=2,\ f'(1)=4$일 때, $\displaystyle\lim_{x\to1}\frac{x^2f(1)-f(x^2)}{x-1}$

6. 어느 제품 x단위를 생산할 때 드는 비용 $C(x)$의 도함수 $C'(x)$를 한계비용이라 한다. 어느 공장에서 제품 x단위를 생산할 때 드는 비용이

$$C(x)=2000+4x+0.01x^2 \text{ (만 원)}$$

이라 할 때, 제품 100단위를 생산할 때의 한계비용을 구하라.

2.3 몫의 미분법

두 함수 $f(x)$, $g(x)$가 미분가능할 때, 유리함수 $y=\dfrac{f(x)}{g(x)}$ (단, $g(x)\neq 0$)의 도함수를 구하는 방법인 **몫의 미분법**에 대하여 알아보자.

먼저 함수 $\dfrac{1}{g(x)}$ (단, $g(x)\neq 0$)의 도함수를 구해 보자.

$$\begin{aligned}\left\{\frac{1}{g(x)}\right\}'&=\lim_{h\to 0}\frac{\dfrac{1}{g(x+h)}-\dfrac{1}{g(x)}}{h}\\&=\lim_{h\to 0}\frac{-1}{g(x+h)g(x)}\cdot\lim_{h\to 0}\frac{g(x+h)-g(x)}{h}\\&=\frac{-1}{\{g(x)\}^2}\cdot g'(x)=-\frac{g'(x)}{\{g(x)\}^2}\end{aligned}$$

한편 $\dfrac{f(x)}{g(x)}=f(x)\cdot\dfrac{1}{g(x)}$ 이므로 곱의 미분법에 의하여 다음을 얻는다.

$$\begin{aligned}\left\{\frac{f(x)}{g(x)}\right\}'&=\left\{f(x)\cdot\frac{1}{g(x)}\right\}'=f'(x)\cdot\frac{1}{g(x)}+f(x)\cdot\left\{\frac{1}{g(x)}\right\}'\\&=\frac{f'(x)}{g(x)}+f(x)\cdot\frac{-g'(x)}{\{g(x)\}^2}\\&=\frac{f'(x)g(x)-f(x)g'(x)}{\{g(x)\}^2}\end{aligned}$$

정리 2.4 몫의 미분법

두 함수 $f(x)$, $g(x)$가 미분가능하면, $\dfrac{1}{g(x)}$, $\dfrac{f(x)}{g(x)}$(단, $g(x)\neq 0$)도 미분가능하고, 다음이 성립한다.

$$\left\{\frac{1}{g(x)}\right\}'=-\frac{g'(x)}{\{g(x)\}^2},$$

$$\left\{\frac{f(x)}{g(x)}\right\}'=\frac{f'(x)g(x)-f(x)g'(x)}{\{g(x)\}^2}$$

예제 1 다음 함수를 미분하라.

(1) $y=\dfrac{1}{5x+2}$　　(2) $y=\dfrac{x}{x^2+1}$

(3) $y=\dfrac{x-3}{x+1}$　　(4) $y=\dfrac{x-1}{x^2+1}$

풀이 (1) $y'=-\dfrac{(5x+2)'}{(5x+2)^2}=-\dfrac{5}{(5x+2)^2}$

(2) $y'=\dfrac{(x)'\cdot(x^2+1)-x\cdot(x^2+1)'}{(x^2+1)^2}$

$=\dfrac{(x^2+1)-2x^2}{(x^2+1)^2}=\dfrac{-x^2+1}{(x^2+1)^2}$

(3) $y'=\dfrac{(x-3)'(x+1)-(x-3)(x+1)'}{(x+1)^2}$

$=\dfrac{1\cdot(x+1)-(x-3)\cdot 1}{(x+1)^2}=\dfrac{4}{(x+1)^2}$

(4) $y'=\dfrac{(x-1)'(x^2+1)-(x-1)(x^2+1)'}{(x^2+1)^2}$

$=\dfrac{1\cdot(x^2+1)-(x-1)\cdot 2x}{(x^2+1)^2}$

$=-\dfrac{x^2-2x-1}{(x^2+1)^2}$ ■

우리는 n이 음이 아닌 정수일 때 $(x^n)'=nx^{n-1}$임을 알고 있다. 이제 몫의 미분법을 이용하면 n이 음의 정수일 때 함수 x^n의 도함수를 구하여 보자.

n이 음의 정수일 때, $m=-n$이라 하면 m은 자연수이고 다음이 성립한다.

$$(x^n)'=\left(\frac{1}{x^m}\right)'=\frac{-(x^m)'}{(x^m)^2}=\frac{-mx^{m-1}}{(x^m)^2}=-mx^{-m-1}=nx^{n-1}$$

x^n의 도함수

$$(x^n)'=nx^{n-1}\quad(\text{단, } n\text{은 정수})$$

보기

$$\left(\frac{1}{x^4}\right)' = (x^{-4})' = -4x^{-4-1} = -4x^{-5} = -\frac{4}{x^5}$$

예제 2 다음 함수를 미분하라.

(1) $y = \dfrac{1}{x}$ (2) $y = \dfrac{1}{x^{10}}$

(3) $y = \dfrac{x^2+1}{x^4}$ (4) $y = \dfrac{1-x+x^2}{x}$

풀이 (1) $y' = (x^{-1})' = (-1)x^{-1-1} = -x^{-2} = -\dfrac{1}{x^2}$

(2) $y' = (x^{-10})' = -10x^{-11} = -\dfrac{10}{x^{11}}$

(3) $y' = (x^{-2})' + (x^{-4})' = (-2)x^{-2-1} + (-4)x^{-4-1}$

$= -2x^{-3} - 4x^{-5} = -\dfrac{2}{x^3} - \dfrac{4}{x^5}$

(4) $y' = \left(\dfrac{1}{x} - 1 + x\right)' = -\dfrac{1}{x^2} + 1$ ■

연습문제 2.3

1. 다음 함수를 미분하라.

(1) $y=\dfrac{1}{x+1}$ (2) $y=\dfrac{1}{x^5+4x}$

(3) $y=\dfrac{x}{x^2+1}$ (4) $y=\dfrac{x^3-1}{3x+4}$

2. 다음 함수를 미분하라.

(1) $y=10x^{-3}$ (2) $y=\dfrac{1-x^3}{x^5}$

(3) $y=x^{-999}$ (4) $y=\dfrac{x^5+1}{x^{10}}$

3. 다음 함수에 대하여, 주어진 $x=a$에서의 미분계수를 구하라.

(1) $f(x)=x^{-1},\ a=-3$ (2) $f(x)=x^{-2},\ a=2$

4. 기온이 x°C일 때, 소리가 100m 전달되는 데 걸리는 시간 y초는

$$y=\frac{100}{0.6x+331}$$

이라고 한다. 기온이 10°C일 때, y의 순간변화율을 구하라.

5. 물 100g에 설탕 xg을 넣었을 때, 당도는 $y=\dfrac{100x}{100+x}$ (%)이다. 설탕 25g을 넣었을 때 설탕의 양에 대한 당도의 순간변화율은 설탕 50g을 넣었을 때 설탕의 양에 대한 당도의 순간변화율의 몇 배인지 구하라.

2.4 합성함수의 미분법

두 함수 $y=f(u)$, $u=g(x)$가 미분가능할 때, 합성함수 $y=f(g(x))$의 도함수를 구하여 보자.

x의 증분 Δx에 대한 u의 증분을 Δu라 하고, u의 증분 Δu에 대한 y의 증분을 Δy라 하면

$$\frac{\Delta y}{\Delta x}=\frac{\Delta y}{\Delta u}\cdot\frac{\Delta u}{\Delta x}\ (\text{단, }\Delta u\neq 0)$$

그런데 두 함수 $y=f(u)$, $u=g(x)$는 미분가능하므로

$$\lim_{\Delta u\to 0}\frac{\Delta y}{\Delta u}=\frac{dy}{du},\quad \lim_{\Delta x\to 0}\frac{\Delta u}{\Delta x}=\frac{du}{dx}$$

이다. 미분가능한 함수 $u=g(x)$은 연속이므로 $\Delta x\to 0$일 때, $\Delta u\to 0$이고, 다음을 얻는다.

$$\begin{aligned}\frac{dy}{dx}&=\lim_{\Delta x\to 0}\frac{\Delta y}{\Delta x}=\lim_{\Delta x\to 0}\left(\frac{\Delta y}{\Delta u}\cdot\frac{\Delta u}{\Delta x}\right)\\&=\lim_{\Delta u\to 0}\frac{\Delta y}{\Delta u}\cdot\lim_{\Delta x\to 0}\frac{\Delta u}{\Delta x}\\&=\frac{dy}{du}\cdot\frac{du}{dx}\end{aligned}$$

또한 $\frac{dy}{dx}=\{f(g(x))\}'$이고, $\frac{dy}{du}=f'(u)$, $\frac{du}{dx}=g'(x)$이므로

$$\{f(g(x))\}'=f'(g(x))g'(x)$$

이다.

다음은 미분가능한 두 함수의 합성함수를 미분하는 방법인 **합성함수의 미분법**이다.

정리 2.5 합성함수의 미분법 (연쇄법칙, chain rule)

두 함수 $y=f(u)$, $u=g(x)$가 미분가능하면 합성함수 $y=(f(g(x))$도 미분가능하고, 다음이 성립한다.

$$\frac{dy}{dx}=\frac{dy}{du}\cdot\frac{du}{dx}\quad \text{즉,}\quad y'=f'(g(x))g'(x)$$

보기

$y=u^2-3u+1$, $u=x^2+2$일 때, $\dfrac{dy}{du}=2u-3$, $\dfrac{du}{dx}=2x$이므로

$$\begin{aligned}\frac{dy}{dx}&=\frac{dy}{du}\cdot\frac{du}{dx}\\&=(2u-3)\cdot 2x=4x^3+2x\end{aligned}$$

예제 1 $y=\dfrac{u}{u+1}$, $u=3x^2-1$일 때, $x=1$에서 $\dfrac{dy}{dx}$의 값을 구하라.

풀이 $y=\dfrac{u}{u+1}$, $u=3x^2-1$일 때

$$\frac{dy}{du}=\frac{1\cdot(u+1)-u\cdot 1}{(u+1)^2}=\frac{1}{(u+1)^2},$$

$$\frac{du}{dx}=6x$$

이므로 합성함수의 미분법에 의하여

$$\frac{dy}{dx}=\frac{dy}{du}\cdot\frac{du}{dx}=\frac{6x}{(u+1)^2}$$

$x=1$일 때 $u=3\cdot 1^2-1=2$이므로 구하는 값은

$$\left.\frac{dy}{dx}\right|_{x=1,u=2}=\frac{6\cdot 1}{(2+1)^2}=\frac{2}{3}$$

■

예제 2 함수 $\dfrac{1}{x^2+x+1}$을 미분하라.

풀이 $g(u)=\dfrac{1}{u}$, $h(x)=x^2+x+1$이라 하면 $f(x)=g(h(x))$이다.

$$g'(u)=-\frac{1}{u^2},\ h'(x)=2x+1$$

이므로 합성함수의 미분법에 의해

$$\begin{aligned}f'(x)&=g'(h(x))h'(x)\\&=-\frac{2x+1}{u^2}=\frac{-2x-1}{(x^2+x+1)^2}\end{aligned}$$

■

한편 임의의 정수 n 과 미분가능한 함수 $f(x)$에 대하여, $g(u)=u^n$이라 하면, 합성함수의 미분법에 의하여 다음이 성립한다.

$$\frac{d}{dx}\{f(x)\}^n=\{g(f(x))\}'=g'(u)f'(x)=nu^{n-1}f'(x)$$

즉,

$$\frac{d}{dx}\{f(x)\}^n=n\{f(x)\}^{n-1}f'(x)$$

보기

(1) $y=(x^2+1)^4$일 때,

$$\frac{dy}{dx}=4(x^2+1)^3(x^2+1)'=8x(x^2+1)^3$$

(2) $y=\dfrac{1}{(2x+3)^5}$ 일 때,

$$\frac{dy}{dx}=-5(2x+3)^{-6}\cdot(2x+3)'=-\frac{10}{(2x+3)^6}$$

예제 3 함수 $f(x)=\dfrac{3x+1}{(2x-1)^3}$을 미분하라.

풀이 몫의 미분법과 합성함수의 미분법에 의하여

$$\begin{aligned}f'(x)&=\frac{(3x+1)'(2x-1)^3-(3x+1)\{(2x-1)^3\}'}{(2x-1)^6}\\&=\frac{3(2x-1)^3-(3x+1)\cdot 3(2x-1)^2(2x-1)'}{(2x-1)^6}\\&=\frac{3(2x-1)-6(3x+1)}{(2x-1)^4}\\&=\frac{-12x-9}{(2x-1)^4}\end{aligned}$$

■

연습문제 2.4

1. 다음 함수를 미분하라.

(1) $f(x) = (2x+1)^5$

(2) $f(x) = (x^3+x)^3$

(3) $f(x) = (x^{2000}+1)^{2000}$

(4) $f(x) = (3x^2+2x+1)^5$

2. 다음 함수를 미분하라.

(1) $f(x) = \dfrac{1}{(3x+2)^5}$

(2) $f(x) = \dfrac{1}{(1-2x)^3}$

(3) $f(x) = \dfrac{1}{x^2-x+1}$

(4) $f(x) = \dfrac{1}{(x^4+2x+1)^2}$

3. 다음 함수를 미분하라.

(1) $f(x) = (x^2+1)(2x+1)^5$

(2) $f(x) = (x+1)(x+2)^2(x+3)^3$

(3) $f(x) = \dfrac{(x+1)^3}{(2x-1)^4}$

(4) $f(x) = \dfrac{(2x+1)^3}{(x^3-2x-1)^2}$

4. 어느 상품을 q만큼 생산할 때, 필요한 비용은

$$C(q) = 0.2q^2 + q + 900$$

이고, 작업 시작 후 t 시간 동안 생산한 상품의 양은 $q(t) = t^2 + 100t$이다. 작업을 시작한 지 1시간 후의 시간에 대한 비용의 증가율을 구하라.

2.5 음함수의 미분법

함수가 $y=f(x)$의 형태로 주어질 때, y를 x의 양함수라 한다. 한편 방정식 $x^2+y^2=1$에서도 x와 y의 값의 범위를 적당히 정해 주면 y는 x의 함수가 된다. 이와 같이 x의 함수 y가 방정식 $f(x,\ y)=0$의 꼴로 주어질 때, y를 x의 **음함수**라고 한다.

합성함수의 미분법을 이용하여 $x^2+y^2-1=0$에서 $\dfrac{dy}{dx}$를 구해 보자.

y를 x의 함수로 보고, 양변을 x에 대하여 미분하면

$$\frac{d}{dx}(x^2)+\frac{d}{dx}(y^2)-\frac{d}{dx}(1)=\frac{d}{dx}(0)$$

이므로, 합성함수의 미분법에 의하여

$$2x+\frac{d}{dy}(y^2)\cdot\frac{dy}{dx}-0=0,\ 2x+2y\frac{dy}{dx}=0$$

$$\therefore \frac{dy}{dx}=-\frac{x}{y}\ (\text{단},\ y\neq 0)$$

다음은 음함수의 형태로 주어진 함수를 미분하는 방법인 **음함수의 미분법**이다.

정리 2.6 음함수의 미분법(implicit differentiation)

x의 함수 y가 음함수 $f(x,\ y)=0$의 꼴로 주어졌을 때, 각 항의 y를 x의 함수로 보고, $f(x,\ y)=0$의 각 항을 x에 대하여 미분해서 $\dfrac{dy}{dx}$를 구한다.

예제 1 다음에서 $\dfrac{dy}{dx}$를 구하라.

(1) $xy=-1$ (2) $x^3+y^3+2y=3$

풀이 (1) y를 x의 함수로 보고, 양변을 x에 대하여 미분하면

$$\frac{d}{dx}(x)\cdot y+x\cdot\frac{d}{dx}(y)=\frac{d}{dx}(0),\ y+x\frac{dy}{dx}=0$$

$$\therefore \frac{dy}{dx}=-\frac{y}{x}\ (\text{단},\ x\neq 0)$$

(2) y를 x의 함수로 보고, 양변을 x에 대하여 미분하면

$$\frac{d}{dx}(x^3)+\frac{d}{dx}(y^3)+\frac{d}{dx}(2y)=\frac{d}{dx}(3),$$

$$3x^2+(3y^2+2)\frac{dy}{dx}=0$$

$$\therefore\ \frac{dy}{dx}=-\frac{3x^2}{3y^2+2}$$ ■

예제 2 $y=\sqrt[3]{x^3+x}$에서 $\frac{dy}{dx}$를 구하라.

풀이 $y=\sqrt[3]{x^3+x}$에서 $y^3=x^3+x$이므로 양변을 x에 대하여 미분하면

$$3y^2\cdot\frac{dy}{dx}=3x^2+1$$

$$\therefore\ \frac{dy}{dx}=\frac{3x^2+1}{3y^2}\ (\text{단, } y\neq 0)$$ ■

이제 음함수의 미분법을 이용하여, 도함수 공식 $(x^n)'=nx^{n-1}$을 n이 유리수일 때까지 확장해 보자.

유리수 r에 대하여 $r=\frac{q}{p}$(단, p, q는 정수, $p\neq 0$)라고 하자. 함수 $y=x^r=x^{\frac{q}{p}}$에서 $y^p=x^q$의 양변을 x에 대하여 미분하면

$$py^{p-1}\cdot y'=qx^{q-1}$$

이므로 다음을 얻는다.

$$y'=\frac{qx^{q-1}}{py^{p-1}}=\frac{q}{p}\cdot\frac{x^{q-1}}{\left(x^{\frac{q}{p}}\right)^{p-1}}$$

$$=\frac{q}{p}x^{q-1-q+\frac{q}{p}}=rx^{r-1}$$

x^r의 도함수

$$(x^r)'=rx^{r-1}\ (\text{단, } r\text{은 유리수})$$

보기

(1) 함수 $y=x^{\frac{3}{4}}$을 미분하면 $\dfrac{dy}{dx}=\dfrac{3}{4}x^{\frac{3}{4}-1}=\dfrac{3}{4}x^{-\frac{1}{4}}$

(2) 함수 $y=x^{-\frac{2}{3}}$을 미분하면 $\dfrac{dy}{dx}=-\dfrac{2}{3}x^{-\frac{2}{3}-1}=-\dfrac{2}{3}x^{-\frac{5}{3}}$

예제 3 다음 함수를 미분하라.

(1) $y=\sqrt{x}$

(2) $y=\dfrac{1}{\sqrt[5]{x^2}}$

(3) $f(x)=(5x^2-1)^{\frac{7}{5}}$

(4) $f(x)=\dfrac{1}{\sqrt[3]{1-x^2}}$

풀이 (1) $y=\sqrt{x}=x^{\frac{1}{2}}$이므로

$$\frac{dy}{dx}=\frac{1}{2}x^{\frac{1}{2}-1}=\frac{1}{2}x^{-\frac{1}{2}}=\frac{1}{2\sqrt{x}}$$

(2) $y=\dfrac{1}{\sqrt[5]{x^2}}=x^{-\frac{2}{5}}$이므로

$$\frac{dy}{dx}=-\frac{2}{5}x^{-\frac{2}{5}-1}=-\frac{2}{5\sqrt[5]{x^7}}$$

(3) $f'(x)=\dfrac{7}{5}(5x^2-1)^{\frac{7}{5}-1}\cdot(5x^2-1)'$

$$=\frac{7}{5}(5x^2-1)^{\frac{2}{5}}\cdot 10x=14x(5x^2-1)^{\frac{2}{5}}$$

(4) $f(x)=(1-x^2)^{-\frac{1}{3}}$이므로 다음을 얻는다.

$$f'(x)=-\frac{1}{3}(1-x^2)^{-\frac{1}{3}-1}\cdot(1-x^2)'$$

$$=-\frac{1}{3}(1-x^2)^{-\frac{4}{3}}\cdot(-2x)=\frac{2x}{3\sqrt[3]{(1-x^2)^4}}$$

■

연습문제 2.5

1. 음함수의 미분법을 이용하여, 다음에서 $\dfrac{dy}{dx}$를 구하라.

(1) $9x^2+16y^2=25$ (2) $x^2-y^2=1$

(3) $x^3+y^3+3xy=0$ (4) $x^2+y^2=xy+1$

2. 음함수의 미분법을 이용하여, 다음에서 $\dfrac{dy}{dx}$를 구하라.

(1) $y=\sqrt[3]{5x-3}$ (2) $y=\sqrt[4]{x^3-x}$

(3) $\sqrt{x}+\sqrt{y}=1$ (4) $\dfrac{1}{x}+\dfrac{1}{y}=1$

3. 음함수의 미분법을 이용하여, 다음에서 $\dfrac{dy}{dx}$를 구하라.

(1) $x=y-y^3$ (2) $(x+2y)^3=x$

4. $x^2-6x+y^2-2y-15=0$에 대하여 점 $(-1, 4)$에서 $\dfrac{dy}{dx}$의 값을 구하라.

5. 그림과 같이, 10m의 사다리가 벽에 기대어져 있다. 이 사다리의 윗부분이 3m/sec의 속도로 미끄러져 내려가고 있다. 사다리의 윗부분이 바닥에서 6m 떨어져 있을 때, 사다리의 아랫부분은 얼마의 속도로 벽으로부터 멀어지고 있는가?

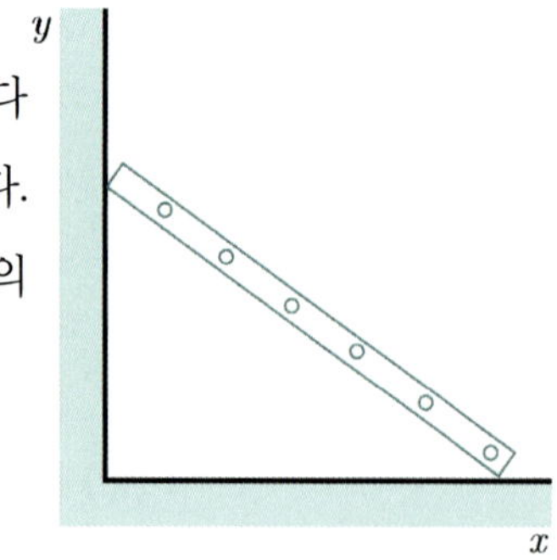

6. 1주일에 숙련공이 x시간 일하고 초보자가 y시간 일할 때, 생산하는 상품의 양은 $Q=2x^3+x^2y+y^3$이다. 숙련공이 30시간 일하고 초보가 20시간 일할 때와 같은 양의 상품을 생산하기 위하여, 만일 숙련공이 1시간 더 일한다면 초보자가 일할 시간의 증가율은 얼마인가?

2.6 역함수의 미분법

미분가능한 함수 $y = f(x)$의 역함수 $x = f^{-1}(y)$가 존재할 때, $y = f(x)$의 도함수$f'(x)$를 이용하여, $x = f^{-1}(y)$의 도함수 $(f^{-1})'(y)$를 구해 보자.

닫힌 구간 $[a, b]$에서 정의된 함수 $f(x)$가 증가함수(또는, 감소함수)이면, $f(x)$는 일대일 함수이다. 다음 정리는 연속이고 증가(또는, 감소)하는 함수는 역함수를 가지며, 그 역함수 또한 연속이고 증가(또는, 감소)하는 함수임을 알려준다.

정리 2.7

함수 f가 닫힌 구간 $[a, b]$에서 연속이고 증가 (또는, 감소) 함수이면, f의 역함수 f^{-1}가 존재하며 f^{-1}는 닫힌 구간 $[f(a), f(b)]$ (또는, $[f(b), f(a)]$)에서 연속이고 증가 (또는, 감소) 함수이다.

다음은 미분가능한 함수가 역함수를 가질 때, 그 역함수의 미분에 관한 **역함수의 미분법**이다.

정리 2.8 역함수의 미분법

함수 $y = f(x)$가 미분가능하고 그 역함수 $x = f^{-1}(y)$가 존재하면, $x = f^{-1}(y)$도 미분가능하고, 다음이 성립한다.

$$(f^{-1})'(y) = \frac{1}{f'(x)} = \frac{1}{f'(f^{-1}(y))} \quad (\text{단, } f'(f^{-1}(y)) \neq 0)$$

참고 위 정리에서 $x = f^{-1}(y)$의 도함수 $\frac{dx}{dy}$는 다음과 같다.

$$\frac{dx}{dy} = (f^{-1})'(y) = \frac{1}{f'(x)} = \frac{1}{\frac{dy}{dx}}$$

증명 $y=f(x)$의 역함수 $x=f^{-1}(y)$에서 $h=f^{-1}(y+k)-f^{-1}(y)$라고 놓으면

$$f^{-1}(y+k)=f^{-1}(y)+h=x+h$$

이므로 $f(x+h)=y+k$, 즉 $k=f(x+h)-f(x)$이다. 따라서

$$\frac{f^{-1}(y+k)-f^{-1}(y)}{k}=\frac{h}{f(x+h)-f(x)}$$

이다. 이때 f^{-1}도 연속이며 $k\to 0$일 때 $h\to 0$이므로 다음을 얻는다.

$$\begin{aligned}(f^{-1})'(y)&=\lim_{k\to 0}\frac{f^{-1}(y+k)-f^{-1}(y)}{k}\\&=\frac{1}{\lim\limits_{h\to 0}\dfrac{f(x+h)-f(x)}{h}}\\&=\frac{1}{f'(x)}=\frac{1}{f'(f^{-1}(y))}\end{aligned}$$

■

역함수의 미분법에서는 미분가능한 함수에 대하여 그 역함수의 도함수가 존재하는 것까지를 보였다. 하지만 역함수의 도함수가 존재한다는 것을 가정하면, 다음과 같이 합성함수의 미분법을 이용하여 역함수의 미분공식을 쉽게 구할 수 있다.

함수 $f(x)$와 그 역함수 $f^{-1}(y)$가 미분가능할 때, $f(f^{-1}(y))=y$의 양변을 y에 대하여 미분하면 $f'(f^{-1}(y))\cdot(f^{-1})'(y)=1$이므로 다음이 성립한다.

$$(f^{-1})'(y)=\frac{1}{f'(f^{-1}(y))}=\frac{1}{f'(x)}\quad (\text{단, } f'(f^{-1}(y))\neq 0)$$

보기

함수 $x=y^5$에서 양변을 y에 대하여 미분하면 $\dfrac{dx}{dy}=5y^4$이다. 따라서 역함수의 미분법에 의하여 다음이 성립한다.

$$\frac{dy}{dx}=\frac{1}{\dfrac{dx}{dy}}=\frac{1}{5y^4}=\frac{1}{5\sqrt[5]{x^4}}$$

예제 1 역함수의 미분법을 이용하여, 다음 함수에서 $\dfrac{dx}{dy}$ 를 구하라.

(1) $y = \sqrt[3]{x-2}$ (2) $y = -3x^{\frac{1}{3}} + 5$

풀이 (1) $y = \sqrt[3]{x-2} = (x-2)^{\frac{1}{3}}$ 이므로

$$\frac{dy}{dx} = \frac{1}{3}(x-2)^{-\frac{2}{3}} = \frac{1}{3\sqrt[3]{(x-2)^2}}$$

$$\therefore \frac{dx}{dy} = 3\sqrt[3]{(x-2)^2} = 3y^2$$

한편 $y = \sqrt[3]{x-2}$ 에서 $x = y^3 + 2$이므로

$$\frac{dx}{dy} = 3y^2 = 3\sqrt[3]{(x-2)^2}$$

(2) $y = -3x^{\frac{1}{3}} + 5$에서

$$\frac{dy}{dx} = -3 \cdot \frac{1}{3}x^{\frac{1}{3}-1} = -x^{-\frac{2}{3}}$$

$$\therefore \frac{dx}{dy} = \frac{1}{\frac{dy}{dx}} = -x^{\frac{2}{3}} = -\left(\frac{5-y}{3}\right)^2$$

한편 $y = -3x^{\frac{1}{3}} + 5$에서 $x = \left(\dfrac{5-y}{3}\right)^3$ 이므로

$$\frac{dx}{dy} = 3\left(\frac{5-y}{3}\right)^2 \cdot \left(-\frac{1}{3}\right) = -\left(\frac{5-y}{3}\right)^2$$ ■

예제 2 함수 $f(x) = x^3 - 4x + 1$(단, $x > \dfrac{2}{\sqrt{3}}$)에서 $(f^{-1})'(1)$과 $(f^{-1})'(16)$을 각각 구하라.

풀이 $f'(x) = 3x^2 - 4$이고 $(f^{-1})(1) = 2$, $(f^{-1})(16) = 3$이므로 역함수의 미분법에 의하여 다음이 성립한다.

$$(f^{-1})'(1) = \frac{1}{f'(2)} = \frac{1}{8},$$

$$(f^{-1})'(16) = \frac{1}{f'(3)} = \frac{1}{23}$$ ■

연습문제 2.6

1. 역함수의 미분법을 이용하여, 다음에서 $\dfrac{dx}{dy}$ 를 구하라.

(1) $y = x^3 + 2$ (2) $y = \dfrac{2}{5x-1}$

(3) $y = \left(\dfrac{3x+1}{3x-1}\right)^5$ (4) $y = x + \dfrac{1}{x}$ (단, $0 < x < 1$)

2. 역함수의 미분법을 이용하여, 다음에서 $\dfrac{dy}{dx}$ 를 구하라.

(1) $x = y^5 + 3$ (2) $x = y^3 + y + 1$

(3) $y^3 = x - 3$ (4) $y = \sqrt[5]{x+2}$

3. 다음에 대하여 $(f^{-1})'(2)$의 값을 구하라.

(1) $f(x) = x^3 + x + 4$ (2) $f(x) = x^5 + 2x - 1$

(3) $f(x) = x^7 + 8x^3 + 4x - 11$ (4) $f(x) = -3x^{\frac{1}{3}} - 4$

4. 함수 $f(x) = \dfrac{ax+b}{cx+d}$ (단, $ad - bc \neq 0$)에 대하여, 다음 물음에 답하라.

(1) f^{-1}를 구하라.

(2) f^{-1}의 도함수를 구하라.

5. 함수 $y = \sqrt{x}$ 의 도함수를 두 가지 이상의 방법으로 구하라.

2.7 삼각함수 및 지수함수와 로그함수의 도함수

이 절에서는 삼각함수, 지수함수와 로그함수의 도함수를 구한다.

우리의 생활과 자연에는 주기적으로 변하는 현상이 많은데, 삼각함수의 도함수는 주기적인 변화를 설명하는 데 활용된다.

먼저 함수 $y=\sin x$ 의 도함수를 구해보자.

$$\frac{dy}{dx}=\lim_{h\to 0}\frac{\sin(x+h)-\sin x}{h}$$

$$=\lim_{h\to 0}\frac{(\sin x\,\cos h+\cos x\,\sin h)-\sin x}{h}$$

$$(\because \sin(x+h)=\sin x\cos h+\cos x\sin h)$$

$$=\lim_{h\to 0}\frac{\sin x(\cos h-1)+\cos x\,\sin h}{h}$$

$$=\lim_{h\to 0}\left(\sin x\cdot\frac{\cos h-1}{h}\right)+\lim_{h\to 0}\left(\cos x\cdot\frac{\sin h}{h}\right)$$

$$=\sin x\cdot\lim_{h\to 0}\frac{\cos h-1}{h}+\cos x\cdot\lim_{h\to 0}\frac{\sin h}{h}$$

$$=\sin x\cdot 0+\cos x\cdot 1$$

$$(\because \lim_{h\to 0}\frac{\cos h-1}{h}=0,\ \lim_{h\to 0}\frac{\sin h}{h}=1))$$

$$=\cos x$$

따라서 $(\sin x)'=\cos x$ 이다.

같은 방법으로 $(\cos x)'=-\sin x$ 임을 알 수 있다.

한편 $\tan x=\dfrac{\sin x}{\cos x}$ 이므로 몫의 미분법에 의하여

$$(\tan x)'=\left(\frac{\sin x}{\cos x}\right)'=\frac{(\sin x)'\cos x-\sin x(\cos x)'}{\cos^2 x}$$

$$=\frac{\cos^2 x+\sin^2 x}{\cos^2 x}=\frac{1}{\cos^2 x}=\sec^2 x$$

이다. 따라서 $(\tan x)'=\sec^2 x$ 이다.

다음은 삼각함수의 도함수 공식들이다.

삼각함수의 도함수

① $(\sin x)' = \cos x$ ② $(\cos x)' = -\sin x$

③ $(\tan x)' = \sec^2 x$ ④ $(\cot x)' = -\csc^2 x$

⑤ $(\sec x)' = \sec x \tan x$ ⑥ $(\csc x)' = -\csc x \cot x$

보기

(1) 함수 $y = (2x-1)\sin x$를 미분하면

$$\frac{dy}{dx} = (2x-1)'\sin x + (2x-1)(\sin x)'$$
$$= 2\sin x + (2x-1)\cos x$$

(2) 함수 $y = x\cos x + \sec x$를 미분하면

$$\frac{dy}{dx} = (x)'\cos x + x(\cos x)' + (\sec x)'$$
$$= \cos x - x\sin x + \sec x \tan x$$

여러 가지 형태의 삼각함수를 미분할 때에는 기본적인 삼각함수의 도함수 공식과 여러 가지 미분법을 이용한다.

예제 1 다음에서 $\dfrac{dy}{dx}$를 구하라.

(1) $y = \sin(\cos x)$ (2) $y = \dfrac{\sin x}{1+\cos x}$

풀이 (1) 합성함수의 미분법에 의하여

$$\frac{dy}{dx} = \cos(\cos x) \cdot (\cos x)'$$
$$= \cos(\cos x)(-\sin x)$$
$$= -\sin x \cos(\cos x)$$

(2) 몫의 미분법에 의하여

$$\frac{dy}{dx}=\frac{(\sin x)'\cdot(1+\cos x)-\sin x\cdot(1+\cos x)'}{(1+\cos x)^2}$$

$$=\frac{\cos x\cdot(1+\cos x)-\sin x\cdot(-\sin x)}{(1+\cos x)^2}$$

$$=\frac{\cos x+1}{(1+\cos x)^2}=\frac{1}{\cos x+1}$$ ■

예제 2 다음에서 $\frac{dy}{dx}$를 구하라.

(1) $y=\sec(2x+1)$ (2) $y=\tan x+\frac{1}{3}\tan^3 x$

(3) $y=\sqrt{\cot x}$ (4) $y=\sec^2 x$

풀이 (1) $\frac{dy}{dx}=\sec(2x+1)\tan(2x+1)\cdot(2x+1)'$

$$=2\sec(2x+1)\tan(2x+1)$$

(2) $\frac{dy}{dx}=\sec^2 x+\frac{1}{3}\cdot 3\cdot\tan^2 x\cdot\sec^2 x$

$$=\sec^2 x(1+\tan^2 x)=\sec^4 x$$

(3) $\frac{d}{dx}(\sqrt{x})=\frac{1}{2\sqrt{x}}$ 이므로

$$\frac{dy}{dx}=\frac{(\cot x)'}{2\sqrt{\cot x}}=\frac{-\csc^2 x}{2\sqrt{\cot x}}$$

(4) $\frac{dy}{dx}=2\sec x\cdot(\sec x)'=2\sec^2 x\tan x$ ■

예제 3 함수 $y=\csc x$에 대하여 y''을 구하라.

풀이 $y'=\frac{dy}{dx}=-\csc x\cot x$ 이므로 다음이 성립한다.

$$y''=\frac{d}{dx}(-\csc x\cot x)$$

$$=(-\csc x)'\cdot\cot x-\csc x\cdot(\cot x)'$$

$$=\csc x\cot^2 x+\csc^3 x$$ ■

이제 극한 $\lim_{h \to 0} \frac{e^h - 1}{h} = 1$을 이용하여 지수함수 e^x의 도함수를 구해보자.

지수함수 $y = e^x$에서 도함수의 정의에 의하여

$$\frac{dy}{dx} = \lim_{h \to 0} \frac{e^{x+h} - e^x}{h} = \lim_{h \to 0} \frac{e^x(e^h - 1)}{h}$$
$$= e^x \lim_{h \to 0} \frac{e^h - 1}{h} = e^x$$

이다. 따라서 $(e^x)' = e^x$ 이다.

한편 임의의 양수 a에 대하여 $a^x = e^{x \ln a}$이므로 합성함수의 미분법에 의하여 다음을 얻는다.

$$(a^x)' = \frac{d}{dx}(e^{x \ln a}) = e^{x \ln a} \ln a = a^x \ln a \quad (a > 0,\ a \neq 1)$$

지수함수의 도함수

① $(e^x)' = e^x$ ② $(a^x)' = a^x \ln a \quad (a > 0,\ a \neq 1)$

보기

함수 $y = 3e^x + 5^x$을 미분하면 $\frac{dy}{dx} = 3e^x + 5^x \ln 5$ 이다.

예제 4 다음에서 $\frac{dy}{dx}$를 구하라.

(1) $y = e^{x^2+1}$ (2) $y = 3^{\sin x}$

풀이 (1) $\frac{dy}{dx} = e^{x^2+1} \cdot (x^2+1)' = 2x e^{x^2+1}$

(2) $\frac{dy}{dx} = 3^{\sin x} \cdot \ln 3 \cdot (\sin x)'$

$= 3^{\sin x} \ln 3 \cdot \cos x$ ■

이제 극한 $\lim_{t\to0}(1+t)^{\frac{1}{t}}=e$를 이용하여 로그함수 $\ln x$의 도함수를 구해보자.

로그함수 $y=\ln x$에서 도함수의 정의에 의하여

$$\frac{dy}{dx}=\lim_{h\to0}\frac{\ln(x+h)-\ln x}{h}=\lim_{h\to0}\frac{1}{h}\ln\frac{x+h}{x}$$

$$=\lim_{h\to0}\frac{1}{x}\cdot\frac{x}{h}\ln\left(1+\frac{h}{x}\right)=\lim_{h\to0}\frac{1}{x}\ln\left(1+\frac{h}{x}\right)^{\frac{x}{h}}$$

이다. 여기서 $\frac{h}{x}=t$라 하면 $h\to0$일 때 $t\to0$이므로

$$\frac{dy}{dx}=\lim_{h\to0}\frac{1}{x}\ln\left(1+\frac{h}{x}\right)^{\frac{x}{h}}=\lim_{t\to0}\frac{1}{x}\ln(1+t)^{\frac{1}{t}}$$

$$=\frac{1}{x}\ln e=\frac{1}{x}$$

이다. 따라서 $(\ln x)'=\frac{1}{x}$이다.

한편 $a\neq1$인 임의의 양수 a에 대하여 $\log_a x=\frac{\ln x}{\ln a}$이므로

$$(\log_a x)'=\frac{d}{dx}\left(\frac{\ln x}{\ln a}\right)=\frac{1}{\ln a}\cdot(\ln x)'=\frac{1}{\ln a}\cdot\frac{1}{x}=\frac{1}{x\ln a}$$

로그함수의 도함수

① $(\ln x)'=\frac{1}{x}$　　② $(\log_a x)'=\frac{1}{x\ln a}$　$(a>0,\ a\neq1)$

보기

함수 $y=3\ln x+\log_{10}x$를 미분하면 다음과 같다.

$$\frac{dy}{dx}=\frac{3}{x}+\frac{1}{x\ln 10}$$

예제 5 α가 임의의 실수일 때, $(x^{\alpha})' = \alpha x^{\alpha-1}$ $(x > 0)$임을 보여라.

풀이 $x^{\alpha} = e^{\alpha \ln x}$이므로 합성함수 미분법을 이용하면 다음을 얻는다.

$$(x^{\alpha})' = (e^{\alpha \ln x})' = e^{\alpha \ln x} \cdot (\alpha \ln x)' = x^{\alpha} \cdot \frac{\alpha}{x} = \alpha x^{\alpha-1}$$ ■

x^{α}의 도함수

$$(x^{\alpha})' = \alpha x^{\alpha-1} \text{ (단, } \alpha \text{는 실수, } x > 0)$$

보기

함수 $y = x^{\pi} + x^{\sqrt{2}}$을 미분하면 다음과 같다.

$$y' = \pi x^{\pi-1} + \sqrt{2}\, x^{\sqrt{2}-1}$$

예제 6 다음이 성립함을 보여라.

$$(\ln |x|)' = \frac{1}{x} \quad (\text{단 } x \neq 0)$$

풀이 $x > 0$이면 $|x| = x$이므로

$$(\ln |x|)' = (\ln x)' = \frac{1}{x}$$

$x < 0$이면 $|x| = -x$이므로 합성함수 미분법에 의하여

$$(\ln|x|)' = \{\ln(-x)\}' = \frac{1}{-x} \cdot (-x)' = \frac{1}{-x} \cdot (-1) = \frac{1}{x}$$

$$\therefore (\ln |x|)' = \frac{1}{x}$$ ■

한편 함수 $y = \ln |f(x)|$에서 $u = f(x)$라 하면 $y = \ln|u|$이므로 합성함수의 미분법으로부터 다음을 얻는다.

$$\frac{dy}{dx} = \frac{dy}{du} \cdot \frac{du}{dx} = \frac{1}{u} \cdot f'(x) = \frac{f'(x)}{f(x)}$$

$$(\ln|f(x)|)' = \frac{f'(x)}{f(x)} \quad (\text{단}, f(x) \neq 0)$$

보기

(1) 함수 $y = \ln|x^2 - x|$를 미분하면

$$\frac{dy}{dx} = \frac{(x^2 - x)'}{x^2 - x} = \frac{2x - 1}{x^2 - x}$$

(2) 함수 $y = \log_2(x^2 + 1)$을 미분하면

$$\frac{dy}{dx} = \frac{(x^2 + 1)'}{(x^2 + 1)\ln 2} = \frac{2x}{(x^2 + 1)\ln 2}$$

예제 7 다음에서 $\dfrac{dy}{dx}$를 구하라.

(1) $y = \ln\left(x^3\sqrt{\dfrac{x-1}{x+1}}\right)$ (단, $x > 1$) (2) $y = \dfrac{x^2\sin x}{\sqrt[3]{(x+1)^2}}$

풀이 (1) 로그의 성질에 의하여

$$y = 3\ln x + \frac{1}{2}\ln(x-1) - \frac{1}{2}\ln(x+1)$$

이므로 다음이 성립한다.

$$\frac{dy}{dx} = \frac{3}{x} + \frac{1}{2(x-1)} - \frac{1}{2(x+1)}$$

(2) 양변의 절댓값에 자연로그를 취한 후, 로그의 성질을 이용하면

$$\ln|y| = 2\ln|x| + \ln|\sin x| - \frac{2}{3}\ln|1+x|$$

이므로, 음함수의 미분법에 의하여 다음을 얻는다.

$$\frac{y'}{y} = \frac{2}{x} + \frac{\cos x}{\sin x} - \frac{2}{3(1+x)}$$

$$\therefore y' = y\left\{\frac{2}{x} + \frac{\cos x}{\sin x} - \frac{2}{3(1+x)}\right\}$$

$$= \frac{x^2\sin x}{\sqrt[3]{(x+1)^2}}\left\{\frac{2}{x} + \frac{\cos x}{\sin x} - \frac{2}{3(1+x)}\right\}$$

■

연습문제 2.7

1. 다음을 증명하여라.

(1) $(\cos x)' = -\sin x$　　(2) $(\sec x)' = \sec x \tan x$

2. 다음 함수를 미분하라.

(1) $f(x) = \dfrac{\sin x}{x}$　　(2) $f(x) = x^2 \cos x$

(3) $f(x) = \sec x \ \tan x$　　(4) $f(x) = \cos(\sin x)$

(5) $f(x) = \tan(1 + x^2)$　　(6) $f(x) = \dfrac{\sec x}{1 + \tan x}$

3. 다음 함수를 미분하라.

(1) $y = e^{x^2}$　　(2) $y = 3^{\sqrt{x}}$

(3) $y = 2^{-x^2}$　　(4) $y = x e^{-3x}$

4. 다음 함수를 미분하라.

(1) $y = \ln(x^3 + 1)$　　(2) $y = (\ln x)^2$

(3) $y = \ln(\sin x)$　　(4) $y = \ln(2 + \sqrt{x})$

(5) $y = \sqrt{\ln x}$　　(6) $y = \cos(\ln x)$

5. 음함수의 미분법을 이용하여, 다음에서 $\dfrac{dy}{dx}$를 구하라

(1) $y + \ln xy = 1$　　(2) $y = x \cos y$

6. 다음에서 양변의 절대값에 자연로그를 취하여 $\dfrac{dy}{dx}$를 구하라

(1) $y = \dfrac{(2x+3)(3x+4)}{5x+6}$　　(2) $y = \sqrt{\dfrac{x^2+1}{x^2-1}}$

(3) $y = x^x$ (단, $x > 0$)　　(4) $y = x^{\sin x}$

제 3 장

미분의 여러 가지 활용

라이프니츠는 곡선을 고찰하는 과정에서 곡선의 접선과 극대 · 극소를 알아보는 수단으로 미분을 발견했으며, 도함수를 이용하면 곡선의 개형을 그릴 수 있다. 한편 뉴턴은 물체의 운동을 설명하기 위하여 미분을 발견했으며, 운동하는 물체의 속도와 가속도의 개념도 미분에 의하여 설명된다.

이 장에서는 미분을 활용하여 접선의 방정식을 구하고, 평균값 정리를 이용하여 함수의 증가, 감소와 곡선의 오목, 볼록을 조사하여 함수의 그래프의 개형을 그린다. 또한 미분을 활용하여 최대, 최소 문제를 해결하고, 방정식과 부등식을 다루며, 속도와 가속도, 길이, 넓이, 부피 등의 변화율에 관한 문제도 해결한다.

3.1 접선의 방정식

함수 $f(x)$가 $x=a$에서 미분가능할 때, 미분계수 $f'(a)$는 곡선 $y=f(x)$ 위의 점 $\mathrm{P}(a, f(a))$에서의 접선의 기울기와 같다.

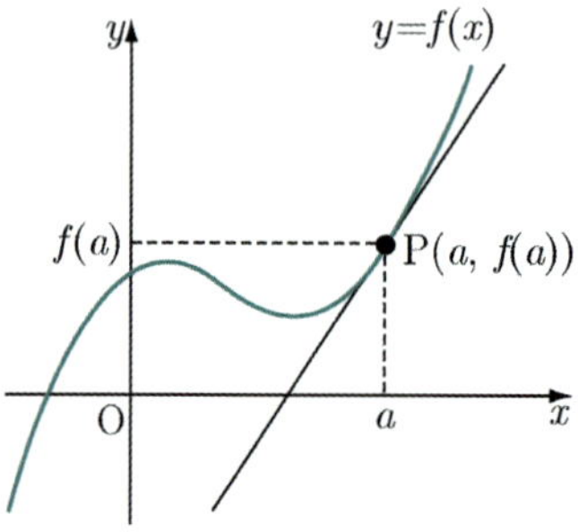

따라서 곡선 $y=f(x)$ 위의 점 $(a, f(a))$에서의 접선의 방정식은 다음과 같다.

접선의 방정식

$$y-f(a)=f'(a)(x-a)$$

보기

포물선 $y=x^2+x$ 위의 점 $(1, 2)$에서의 접선의 방정식을 구해 보자.

함수 $f(x)=x^2+x$로 놓으면

$$f'(x)=2x+1$$

이므로, 점$(1, 2)$에서의 접선의 기울기는 $f'(1)=2\cdot1+1=3$이다.

따라서 구하는 접선 방정식은 다음과 같다.

$$y-2=3\cdot(x-1) \quad \therefore\ y=3x-1$$

예제 1 원 $x^2-6x+y^2-2y-15=0$ 위의 점 $(-1, 4)$에서의 접선의 방정식을 구하라.

풀이 주어진 방정식의 양변을 x에 대하여 미분하면

$$2x-6+2y\frac{dy}{dx}-2\frac{dy}{dx}=0,\ (2y-2)\frac{dy}{dx}=-2x+6$$

$$\therefore\ \frac{dy}{dx}=\frac{-x+3}{y-1}\ (\text{단, } y\neq 1)$$

따라서 점 $(-1, 4)$에서 접선의 기울기는

$$\left.\frac{dy}{dx}\right|_{x=-1,\ y=4}=\frac{-(-1)+3}{4-1}=\frac{4}{3}$$

이므로, 구하는 접선의 방정식은 다음과 같다.

$$y-4=\frac{4}{3}(x+1)\quad \therefore\ y=\frac{4}{3}x+\frac{16}{3}$$

■

곡선 $y=f(x)$ 위의 점 $(a, f(a))$에서 접선과 수직으로 만나는 법선의 기울기는 $-\dfrac{1}{f'(a)}$이다. 따라서 곡선 $y=f(x)$ 위의 점 $(a, f(a))$에서의 법선의 방정식은 다음과 같다.

법선의 방정식

$$y-f(a)=-\frac{1}{f'(a)}(x-a)\quad (\text{단, } f'(a)\neq 0)$$

보기

함수 $f(x)=\dfrac{1}{x}$에서 $f'(x)=-\dfrac{1}{x^2}$이므로, 곡선 $y=\dfrac{1}{x}$ 위의 점 $\left(2, \dfrac{1}{2}\right)$에서의 접선의 기울기는 $f'(2)=-\dfrac{1}{4}$이다.

따라서 점 $\left(2, \dfrac{1}{2}\right)$에서의 접선의 방정식은 다음과 같다.

$$y-\frac{1}{2}=-\frac{1}{4}(x-2)\quad \therefore\ y=-\frac{1}{4}x+1$$

한편 점 $\left(2, \dfrac{1}{2}\right)$에서의 법선의 기울기는 $-\dfrac{1}{f'(2)}=4$이다.

따라서 점 $\left(2,\ \frac{1}{2}\right)$에서의 법선의 방정식은 다음과 같다.

$$y-\frac{1}{2}=4(x-2)$$

$$\therefore\ y=4x-\frac{15}{2}$$

예제 2 곡선 $y=\sin 2x$ 위의 점 $\left(\frac{\pi}{2},\ 0\right)$에서의 접선과 법선의 방정식을 각각 구하라.

풀이 $\frac{dy}{dx}=2\cos 2x$이므로 점 $\left(\frac{\pi}{2},\ 0\right)$에서 접선의 기울기는

$$m=\left.\frac{dy}{dx}\right|_{x=\frac{\pi}{2}}=\cos\left(2\cdot\frac{\pi}{2}\right)\cdot 2=-2.$$

따라서 접선의 방정식은 $y-0=-2\left(x-\frac{\pi}{2}\right)$ 즉, $y=-2x+\pi$이다.

또한 법선의 기울기는 $\frac{1}{2}$이므로 법선의 방정식은 다음과 같다.

$$y-0=\frac{1}{2}\left(x-\frac{\pi}{2}\right)$$

$$\therefore\ y=\frac{1}{2}x-\frac{\pi}{4}$$ ■

한편 접선의 기울기가 주어진 경우의 접선의 방정식을 구해 보자.

예제 3 곡선 $y=-x^2+2x-1$에 접하고 기울기가 4인 접선의 방정식을 구하라.

풀이 접점의 좌표를 $(a, -a^2+2a-1)$이라 놓자.

$f(x)=-x^2+2x-1$로 놓으면

$$f'(x)=-2x+2$$

이므로

$$f'(a)=-2a+2=4 \quad \therefore\ a=-1$$

따라서 구하는 접선은 점 $(-1, -4)$를 지나고 기울기가 4이므로,

접선의 방정식은 다음과 같다.

$$y+4=4(x+1) \quad \therefore\ y=4x$$ ■

예제 4 곡선 $y = x\ln x + 2x$에 접하고 직선 $y = 3x + 3$과 평행한 직선의 방정식을 구하라.

풀이 구하려는 직선은 기울기가 3이고 곡선 $y = x\ln x + 2x$에 접한다.

$y = x\ln x + 2x$에서

$$y' = \ln x + x \cdot \frac{1}{x} + 2 = \ln x + 3$$

이므로 $\ln x + 3 = 3$에서 $\ln x = 0$, 즉 $x = 1$이다.

이때 $y = 2$ 이므로 접점은 $(1,2)$이고, 접선의 방정식은 다음과 같다.

$$y - 2 = 3(x - 1) \text{ 즉, } \quad y = 3x - 1$$ ■

이제 곡선 $y = f(x)$ 위에 있지 않은 한 점에서 곡선 $y = f(x)$에 그은 접선의 방정식을 구하여 보자.

예제 5 점 $(1, -1)$에서 곡선 $y = x^2 - x$에 그은 접선의 방정식을 구하라.

풀이 접점의 좌표를 $(a, \ a^2 - a)$라 하자.

$f(x) = x^2 - x$로 놓으면 $f'(x) = 2x - 1$이므로

$$f'(a) = 2a - 1$$

따라서 구하는 접선의 방정식은

$$y - (a^2 - a) = (2a - 1)(x - a)$$

$$\therefore y = (2a - 1)x - a^2$$

그런데, 이 접선은 점 $(1, -1)$을 지나므로

$$-1 = (2a - 1) \cdot 1 - a^2, \ a^2 - 2a = 0$$

$$\therefore a = 0, \text{ 또는 } a = 2$$

따라서 $y = (2a - 1)x - a^2$에 $a = 0$, $a = 2$를 각각 대입하면, 다음과 같은 접선의 방정식을 얻는다.

$$y = -x \text{ 또는 } y = 3x - 4$$ ■

연습문제 3.1

1. 다음 곡선 위의 주어진 점에서의 접선의 기울기를 구하라.

(1) $y=-x^3$, 점 $(-1, 1)$

(2) $y=x^2-x+3$, 점 $(-2, 9)$

(3) $y=\tan\left(x+\dfrac{\pi}{6}\right)$, 점 $\left(\dfrac{\pi}{6}, \sqrt{3}\right)$

(4) $y=e^{2x}$, 점 $(2, e^4)$

2. 다음 접선의 방정식을 구하라.

(1) 곡선 $y=x^2+3x-2$에 접하고 기울기가 1인 직선

(2) 곡선 $y=2\ln x$에 접하고 기울기가 2인 직선

(3) 곡선 $y=\sin 2x$ (단, $0 \le x \le \pi$)에 접하고, 직선 $y=\dfrac{1}{2}x+1$에 수직인 직선

3. 함수 $f(x)=x^3+ax^2+b$의 그래프가 점 $(1, 4)$를 지나고 이 점에서 접선의 기울기가 -3일 때, 두 상수 a, b의 값과 미분계수 $f'(2)$를 각각 구하라.

4. 다음 곡선 위의 주어진 점에서의 접선과 법선의 방정식을 각각 구하라.

(1) $x^2+y^2=5$, 점 $(1, 2)$

(2) $y=\cos x$, 점 $\left(\dfrac{\pi}{6}, \dfrac{\sqrt{3}}{2}\right)$

5. 다음 곡선에 대하여 주어진 점에서 그은 접선의 방정식을 구하라.

(1) $y=\dfrac{1}{2}x^2$, 점 $\left(1, -\dfrac{3}{2}\right)$

(2) $y=x^3+3$, 점 $(0, 1)$

(3) $y=\sqrt{x}$, 점 $(-2, 0)$

(4) $y=e^x$, 점 $(0, 0)$

6. 점 $\mathrm{P}(1, -4)$에서 곡선 $y=x^2-1$에 그은 두 접선의 접점을 각각 Q, R라고 할 때, $\triangle\mathrm{PQR}$의 넓이를 구하라.

3.2 평균값 정리

이 절에서는 미분의 평균값 정리를 소개하고, 이 정리를 이용하여 미분가능한 함수에 관한 여러 가지 성질을 알아본다. 먼저 임계점과 극대점, 극소점을 소개한다.

정의 3.1

함수 $f(x)$에 대하여, $x=a$에서 $f'(a)$가 존재하지 않거나 또는 $f'(a)=0$이면 점 $(a,\ f(a))$를 **임계점**이라 한다.
또한 함수 $f(x)$의 정의역에 a의 어떤 근방 $(c,\ d)$가 있어서 $x\in(c,\ d)$인 모든 x에 대하여 $f(a)\geq f(x)$(또는 $f(a)\leq f(x)$)를 만족하면 점$(a,\ f(a))$를 **극대점**(또는, **극소점**)이라 하고, $f(x)$는 $x=a$에서 **극댓값**(또는 **극솟값**) $f(a)$를 가진다고 한다.

다음은 함수의 극댓값 또는 극솟값을 찾을 때에 도움이 되는 정리이다.

정리 3.2

함수 $f(x)$가 $x=a$에서 극댓값 또는 극솟값을 가지면, 점 $(a,\ f(a))$는 임계점이다.

증명 $f'(a)$가 존재하지 않으면 점 $(a,\ f(a))$는 당연히 임계점이므로, $f'(a)$가 존재한다고 하자.

먼저 점 $(a, f(a))$가 극대점이라 하자. 그러면 a를 포함하는 열린 구간 (c, d)가 정의역에 존재하여, 절댓값이 충분히 작은 h를 잡으면 $a+h\in(c,\ d)$이고 $f(a+h)\leq f(a)$이므로 다음이 성립한다.

$$h>0\text{일 때, } \lim_{h\to0^+}\frac{f(a+h)-f(a)}{h}\leq 0$$

$$h<0\text{일 때, } \lim_{h\to0^-}\frac{f(a+h)-f(a)}{h}\geq 0$$

그런데 $f'(a)$가 존재하므로

$$f'(a)=\lim_{h\to0^+}\frac{f(a+h)-f(a)}{h}=\lim_{h\to0^-}\frac{f(a+h)-f(a)}{h}=0$$

이고 점 $(a, f(a))$는 임계점이다.

점 $(a, f(a))$가 극소점일 때에도 마찬가지 방법으로 증명된다. ■

평균값 정리는 롤의 정리의 일반화이므로 **롤의 정리**를 먼저 소개하고, 이를 이용하여 **평균값 정리**를 증명한다.

정리 3.3 롤의 정리

함수 $f(x)$가 닫힌 구간 $[a, b]$에서 연속이고 열린 구간 (a, b)에서 미분가능하며 $f(a)=f(b)=0$이면, 적당한 $c \in (a, b)$가 존재하여 $f'(c)=0$이다.

증명 함수 $f(x)$가 $f(x)=0$인 상수함수이면 열린 구간 (a, b)에 속하는 모든 c에 대하여 $f'(c)=0$이므로, $f(x)$의 값이 양(또는 음)이 되는 점이 열린 구간 (a, b)에 존재한다고 하자.

함수 $f(x)$가 닫힌 구간 $[a, b]$에서 연속이므로 $[a, b]$에서 최댓값(또는 최솟값) $f(c)$를 가지며, 이때 $f(c)>f(a)$ (또는 $f(c)<f(a)$)이다. 따라서 $c \neq a$, $c \neq b$, 즉 $c \in (a, b)$이고 최댓값을 갖는 점 $(c, f(c))$는 극대점(또는 극소점)이므로 $f'(c)=0$이다. ■

롤의 정리의 기하학적 의미를 살펴보자.

그림 3.4에서와 같이 닫힌 구간 $[a, b]$에서 연속이고 열린 구간 (a, b)에서 미분가능한 함수 $y=f(x)$가 $f(a)=f(b)$이면, 그 두 점 사이에 적당한 점이 있어서 그 점에서의 접선이 x축과 나란함을 뜻한다.

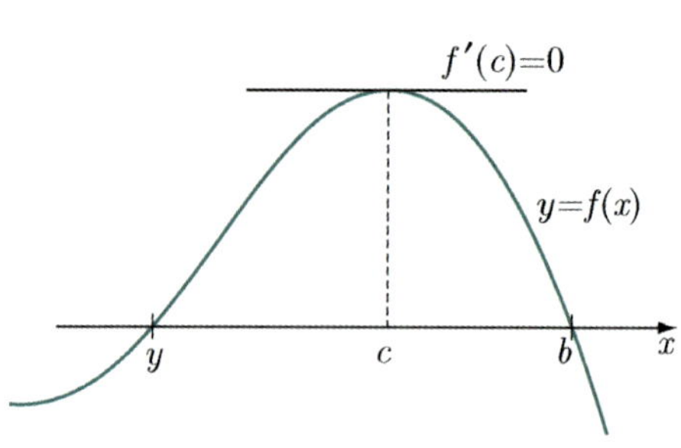

보기

함수 $f(x)=x^3-3x$는 닫힌 구간 $[-\sqrt{3},\ \sqrt{3}]$에서 연속이고 열린 구간$(-\sqrt{3},\ \sqrt{3})$에서 미분가능하며, $f(-\sqrt{3})=f(\sqrt{3})=0$이다.

따라서 롤의 정리에 의하여 $f'(c)=0$인 $c\in(-\sqrt{3},\ \sqrt{3})$이 존재한다.

그런데 $f'(x)=3x^2-3$이므로

$$f'(c)=3c^2-3=0,\ \ c\in(-\sqrt{3},\ \sqrt{3})$$

에서 $c=-1,\ 1$이다.

예제 1 함수 $f(x)=1-|x|$는 열린 구간 $(-1,\ 1)$에서 $f'(c)=0$인 c가 존재하는가? 롤의 정리가 성립하지 않는 이유를 말하라.

풀이 $f'(x)=\begin{cases} 1, & -1<x<0 \\ -1, & 0<x<1 \end{cases}$

이므로 $f'(0)$은 존재하지 않고, $f'(c)=0$인 c도 존재하지 않는다.
실제로 $f(x)=1-|x|$는 닫힌 구간 $[-1, 1]$에서 연속이지만 열린 구간 $(-1, 1)$에서 미분가능한 것은 아니다. 즉, 함수 $f(x)$는 롤의 정리의 가정을 만족하지 않는다. 따라서 $f'(c)=0$인 $c\in(-1,\ 1)$이 반드시 존재한다고 할 수는 없다. ■

먼저 평균값 정리를 기하학적으로 살펴보자.

닫힌 구간 $[a, b]$에서 연속이고 열린 구간 $(a,\ b)$에서 미분가능한 함수 $y=f(x)$는 그림 3.5와 같이 두 점 $(a, f(a))$와 $(b, f(b))$를 지나는 직선과 평행한 접선을 갖는 접점 $(c, f(c))$ (단, $a<c<b$)가 존재한다.

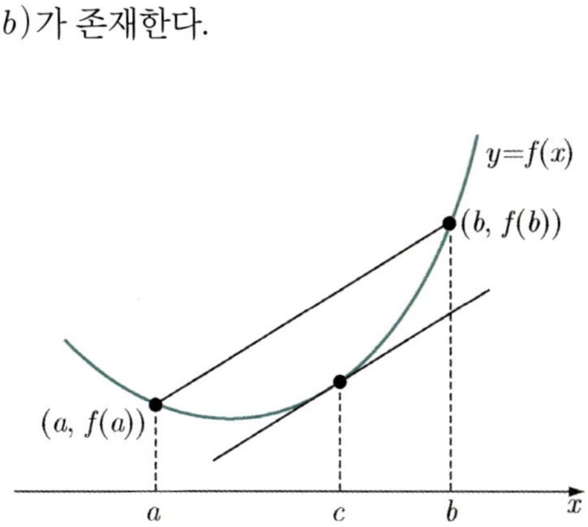

정리 3.4 평균값 정리

함수 $f(x)$가 닫힌 구간 $[a, b]$에서 연속이고 열린 구간 (a, b)에서 미분가능하면 적당한 $c \in (a, b)$가 존재하여 다음을 만족한다.

$$f'(c) = \frac{f(b) - f(a)}{b - a}$$

증명 함수 $g(x)$를

$$g(x) = f(x) - \left\{ \frac{f(b) - f(a)}{b - a}(x - a) + f(a) \right\}$$

라고 하면, 함수 $g(x)$는 닫힌 구간 $[a, b]$에서 연속이고 열린 구간 (a, b)에서 미분가능하다.

한편 $g(a) = g(b) = 0$이므로 롤의 정리에 의하여 $g'(c) = 0$인 $c \in (a, b)$가 존재한다. 그런데

$$g'(x) = f'(x) - \frac{f(b) - f(a)}{b - a}$$

이므로 다음을 얻는다.

$$g'(c) = f'(c) - \frac{f(b) - f(a)}{b - a} = 0$$

$$\therefore f'(c) = \frac{f(b) - f(a)}{b - a}$$ ■

예제 2 함수 $f(x) = -x^3 + 2x^2 - 3x + 2$에 대하여 닫힌 구간 $[0, 2]$에서 평균값 정리를 만족시키는 c의 값을 모두 구하라.

풀이 두 점 $(0, 2)$, $(2, -4)$를 지나는 직선의 기울기는 $\frac{-4-2}{2-0} = -3$이다.

한편 $f'(x) = -3x^2 + 4x - 3$이므로 $f'(c) = -3$에서

$$3c^2 - 4c + 3 = 3 \quad \therefore c = 0, \ \frac{4}{3}$$

그런데 $c \in (0, 2)$이므로 구하는 c의 값은 $\frac{4}{3}$이다. ■

이제 평균값 정리를 이용하여 증명할 수 있는 미분가능한 함수의 여러 가지 성질에 대하여 알아보자.

예제 3 함수 $f(x)$가 닫힌 구간 $[a, b]$에서 연속이고 열린 구간 (a, b)에서 미분가능하며 임의의 $x \in (a, b)$에 대하여 $f'(x) = 0$이면 $f(x)$는 닫힌 구간 $[a, b]$에서 상수함수임을 보여라.

풀이 구간 $[a, b]$의 임의의 두 점 x_1, x_2(단, $x_1 < x_2$)에 대하여 구간 $[x_1, x_2]$에 평균값 정리를 적용하면 다음을 만족하는 $c \in (x_1, x_2)$가 존재한다.

$$\frac{f(x_2) - f(x_1)}{x_2 - x_1} = f'(c)$$

한편 $f'(c) = 0$이므로 $f(x_1) = f(x_2)$이다. 따라서 함수 $f(x)$는 닫힌 구간 $[a, b]$에서 상수함수이다. ■

한편 두 함수 $f(x)$, $g(x)$가 닫힌 구간 $[a, b]$에서 연속이고 열린 구간 (a, b)에서 미분가능하며 임의의 $x \in (a, b)$에 대하여 $f'(x) = g'(x)$이면 $f(x) = g(x) + C$(단, C는 상수)이다.

왜냐하면 함수 $h(x) = f(x) - g(x)$라고 놓으면 함수 $h(x)$가 닫힌 구간 $[a, b]$에서 연속이고 열린 구간 (a, b)에서 미분가능하며 임의의 $x \in (a, b)$에 대하여

$$h'(x) = f'(x) - g'(x) = 0$$

이므로 위의 예제에 의하여 $h(x) = C$, 즉 $f(x) = g(x) + C$(단, C는 상수)이다.

이제 함수의 증가와 감소를 정의하고 도함수와의 관계를 알아보자.

함수 $f(x)$가 어떤 구간에 속하는 임의의 두 실수 x_1, x_2에 대하여

$$x_1 < x_2 \text{일 때 } f(x_1) < f(x_2)$$

이면 $f(x)$는 그 구간에서 **증가**한다고 하며,

$$x_1 < x_2 \text{일 때 } f(x_1) > f(x_2)$$

이면 $f(x)$는 그 구간에서 **감소**한다고 한다.

보기

함수 $f(x)=x^3$은 임의의 두 실수 x_1, x_2에 대하여 $x_1 < x_2$일 때

$$f(x_1)-f(x_2)=x_1^3-x_2^3=(x_1-x_2)(x_1^2+x_1x_2+x_2^2)<0$$

이므로 $f(x_1)<f(x_2)$이다.

따라서 함수 $f(x)=x^3$은 실수 전체에서 증가한다.

평균값 정리는 함수의 증가, 감소를 조사하는 데에도 이용된다. 다음 정리는 도함수를 이용하여 함수의 증가, 감소를 조사하는 방법을 알려 준다.

정리 3.5

함수 $f(x)$가 닫힌 구간 $[a,\ b]$에서 연속이고 열린 구간 $(a,\ b)$에서 미분가능하며 임의의 $x\in(a,\ b)$에 대하여
$f'(x)>0$이면 $f(x)$는 닫힌 구간 $[a,\ b]$에서 증가하고,
$f'(x)<0$이면 $f(x)$는 닫힌 구간 $[a,\ b]$에서 감소한다.

증명 먼저 $f'(x)>0$라고 하자.

닫힌 구간 $[a, b]$에 있는 임의의 두 점 x_1, x_2(단, $x_1 < x_2$)에 대하여, 함수 $f(x)$가 닫힌 구간 $[x_1, x_2]$에서 연속이고 열린 구간 (x_1, x_2)에서 미분가능하므로 평균값 정리를 이용하면 $c\in(x_1, x_2)$가 존재하여 다음이 성립한다.

$$\frac{f(x_2)-f(x_1)}{x_2-x_1}=f'(c)$$

그런데, $x_2-x_1>0$이고 $f'(c)>0$이므로 $f(x_2)-f(x_1)>0$, 즉 $f(x_1)<f(x_2)$가 성립한다.

따라서 $f'(x)>0$이면 $f(x)$는 닫힌 구간 $[a,\ b]$에서 증가한다.

마찬가지로 $f'(x)<0$있다. $f(x)$가 닫힌 구간 $[a,\ b]$에서 감소함을 보일 수 있다. ■

위의 정리에 의하여 함수가 증가하는 구간과 감소하는 구간을 조사하기 위해서는 도함수의 부호를 조사하면 된다.

예제 4 다음 함수가 증가하는 구간과 감소하는 구간을 조사하라.

(1) $f(x) = 2x^3 - 6x + 5$ (2) $g(x) = -x^3 + 3x^2 - 1$

풀이 (1) $f'(x) = 6x^2 - 6 = 6(x+1)(x-1)$이므로

$f'(x) > 0 \iff x < -1$ 또는 $x > 1$

$f'(x) < 0 \iff -1 < x < 1$

따라서 증가하는 구간은 $(-\infty, -1)$, $(1, \infty)$이고,

감소하는 구간은 $(-1, 1)$이다.

(2) $g'(x) = -3x^2 + 6x = -3x(x-2)$이므로

$g'(x) > 0 \iff 0 < x < 2$

$g'(x) < 0 \iff x < 0$ 또는 $x > 2$

따라서 증가하는 구간은 $(0, 2)$이고,

감소하는 구간은 $(-\infty, 0)$, $(2, \infty)$이다. ■

다음 그림은 함수 $f(x) = x^3 - 3x$ 의 그래프이며, 이 함수는 $x = -1$과 $x = 1$ 의 좌우에서 증가와 감소가 바뀌는 것을 알 수 있다.

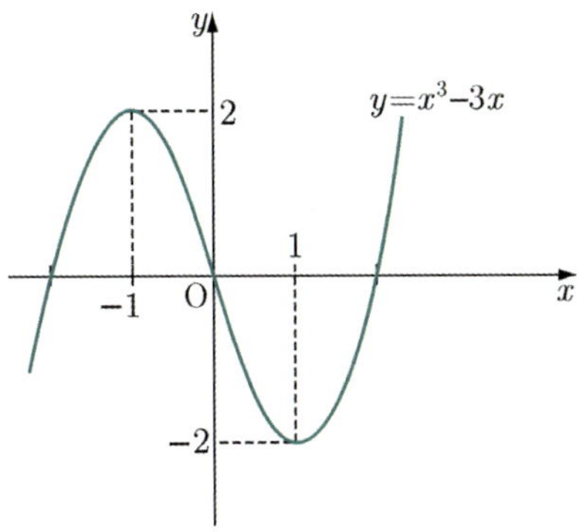

이와 같이 좌우에서 함수의 증가와 감소가 바뀌는 점에 대하여 알아보자.

일반적으로, 함수 $f(x)$가 $x = a$에서 연속이고, $x = a$의 좌우에서

$f(x)$가 증가에서 감소로 변하면 $f(a)$는 극댓값이고,

$f(x)$가 감소에서 증가로 변하면 $f(a)$는 극솟값이다.

따라서 함수 $f(x) = x^3 - 3x$의 극댓값은 $f(-1) = 2$이고 극솟값은 $f(1) = -2$이다.

한편 다음 정리에서와 같이 미분가능한 함수 $f(x)$가 $x=a$에서 극댓값 또는 극솟값을 가지면 $f'(a)=0$이다. 이 정리의 증명은 정리 3.2의 증명과 같다.

정리 3.6

함수 $f(x)$가 $x=a$에서 미분가능하고, $x=a$에서 극값을 가지면 $f'(a)=0$이다.

함수 $f(x)$가 $x=a$에서 극값을 가지면, 함수의 증가와 감소가 바뀌므로 $x=a$의 좌우에서 $f'(x)$의 부호가 바뀐다. 따라서 다음과 같이 함수 $f(x)$의 극댓값과 극솟값은 $f'(x)$의 부호를 이용하여 판정할 수 있다.

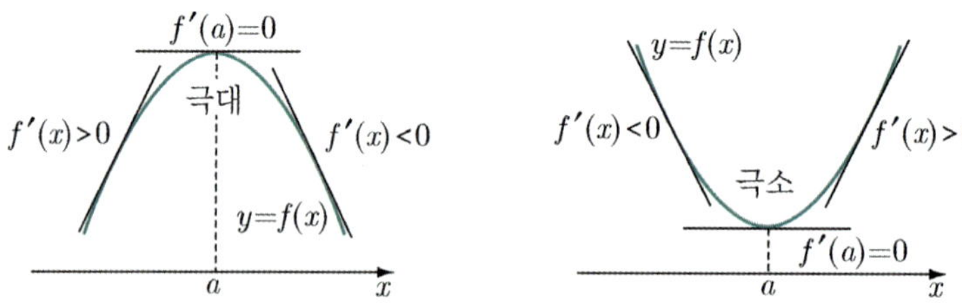

극대와 극소의 판정

$f'(a)=0$이고 $x=a$의 좌우에서 $f'(x)$의 부호가

양에서 음으로 변하면 $f(a)$는 극댓값이고,

음에서 양으로 변하면 $f(a)$는 극솟값이다.

보기

함수 $f(x)=x^3-3x^2$에 대하여

$$f'(x)=3x^2-6x=3x(x-2)$$

이므로 $f'(x)=0$에서 $x=0,\ 2$이다.

이로부터 $f(x)$의 증가와 감소를 표로 나타내면 다음과 같다.

x	$\cdots$	0	$\cdots$	2	$\cdots$
$f'(x)$	$+$	0	$-$	0	$+$
$f(x)$	$\nearrow$	0 극대	$\searrow$	-4 극소	$\nearrow$

따라서 함수 $f(x)$의 극값은 다음과 같다.

$$x=0\text{에서 극대이고 극댓값은 } f(0)=0,$$
$$x=2\text{에서 극소이고 극솟값은 } f(2)=-4.$$

예제 5 함수 $f(x)=x^3+ax^2+bx+c$는 $x=-1$에서 극댓값 5를 갖고, $x=3$에서 극솟값을 갖는다고 한다. 이때 $f(x)$의 극솟값을 구하라.

풀이 $f'(x)=3x^2+2ax+b$이고, 함수 $f(x)$는 $x=-1, 3$에서 극값을 가지므로 다음이 성립한다.

$$f'(-1)=3-2a+b=0$$
$$f'(3)=27+6a+b=0$$

또, $x=-1$일 때, 극댓값은 $f(-1)=5$이므로

$$f(-1)=-1+a-b+c=5$$

위 식들을 연립하여 풀면

$$a=-3,\ b=-9,\ c=0$$

이고 $f(x)=x^3-3x^2-9x$이므로 극솟값은 $f(3)=-27$이다. ■

예제 6 함수 $f(x)=2x-\tan x\left(\text{단, } -\frac{\pi}{2}<x<\frac{\pi}{2}\right)$의 극값을 모두 구하라.

풀이 $f(x)=2x-\tan x$에서

$$f'(x)=2-\sec^2 x$$

이다. 따라서 $f'(x)=2-\sec^2 x=0$에서

$$\sec^2 x = 2,\ \text{즉}\quad \cos x = \pm\frac{1}{\sqrt{2}}\quad \therefore\ x = \pm\frac{\pi}{4}$$

이로부터 $f(x)$의 증가와 감소를 표로 나타내면 다음과 같다.

x	$-\frac{\pi}{2}$	$\cdots$	$-\frac{\pi}{4}$	$\cdots$	$\frac{\pi}{4}$	$\cdots$	$\frac{\pi}{2}$
$f'(x)$		$-$	0	$+$	0	$-$	
$f(x)$		↘	극소	↗	극대	↘	

따라서 함수 $f(x)$의 극값은 다음과 같다.

$x=\frac{\pi}{4}$에서 극대이고 극댓값은 $f\left(\frac{\pi}{4}\right)=\frac{\pi}{2}-1$,

$x=-\frac{\pi}{4}$에서 극소이고 극솟값은 $f'\left(-\frac{\pi}{4}\right)=1-\frac{\pi}{2}$. ■

연습문제 3.2

1. 주어진 구간에서 $f'(c)=0$이 되는 c의 값을 모두 구하라.

(1) $f(x)=x^2-8x+15$, $[3,\ 5]$ (2) $f(x)=3\sin 2x$, $[0,\ \pi]$

2. 함수 $f(x)=x^2+\sqrt{5}x$에 대하여 닫힌 구간 $[0,\ \sqrt{5}]$에서 평균값 정리를 만족시키는 c의 값을 모두 구하라.

3. 다음 함수의 증가하는 구간과 감소하는 구간을 구하라.

(1) $y=2x^2-6x$ (2) $y=-4x^2+4x+3$

(3) $y=x^3+3x^2$ (4) $y=3e^x$

4. 다음 함수의 극값을 모두 구하라.

(1) $f(x)=x^3-3x^2+1$ (2) $f(x)=-x^3-3x^2+2$

(3) $f(x)=\sqrt{3}\sin x+\cos x$ (단, $0\le x\le 2\pi$)

(4) $f(x)=2\cos x+\sin 2x$ $(0\le x\le 2\pi)$

5. 함수 $f(x)=-x^3+ax^2+bx-10$은 $x=3$에서 극댓값 8을 갖는다. 이때 a, b의 값을 각각 구하라.

6. 함수 $f(x)=2x^3-3x^2+6kx$가 극댓값과 극솟값을 모두 가지기 위한 k 값의 범위를 구하라.

7. A도시를 출발한 어느 자동차는 제한 속도가 100km인 고속도로를 3시간 동안 달려서 B도시에 도착하였다. 두 도시 A, B 사이의 거리가 350km일 때, 이 자동차는 반드시 속도위반을 했음을 설명하라.

3.3 함수의 그래프

함수 $y = f(x)$의 그래프는 일반적으로 평면상의 곡선이 되며, 함수의 그래프의 개형을 그릴 때에는 함수의 증가와 감소, 극대와 극소, x축과 y축 절편 등을 조사하면 편리하다.

여기서는 이계도함수를 이용하여 곡선 $y = f(x)$의 오목과 볼록을 조사해 보자.

다음 그림에서 보는 바와 같이, 곡선이 **아래로 볼록**할 때에는 접선의 기울기 $f'(x)$가 증가하게 되어 $f''(x) > 0$이다. 또한 $f''(x) > 0$이면 접선의 기울기 $f'(x)$가 증가하므로 곡선은 아래로 볼록하게 된다. 한편 곡선이 **위로 볼록**할 때에는 접선의 기울기 $f'(x)$가 감소하게 되어 $f''(x) < 0$이다. 또한 $f''(x) < 0$이면 접선의 기울기 $f'(x)$도 감소하므로 곡선은 위로 볼록하게 된다.

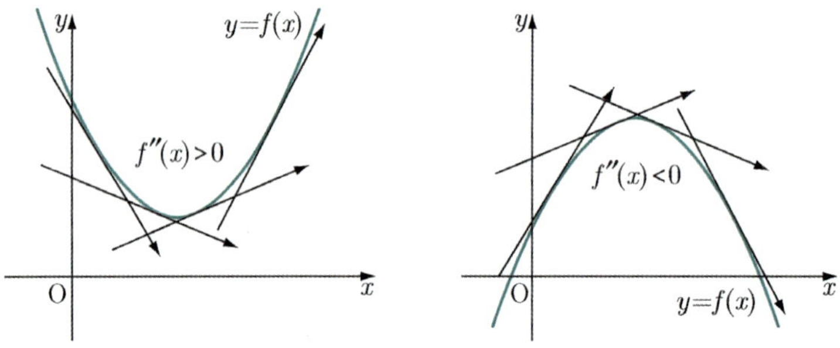

곡선의 아래로 볼록과 위로 볼록

함수 $y = f(x)$가 열린 구간 $(a,\ b)$의 모든 x에 대하여

$f''(x) > 0$이면 곡선 $y = f(x)$는 열린 구간 $(a,\ b)$에서 아래로 볼록하고,

$f''(x) < 0$이면 곡선 $y = f(x)$는 열린 구간 $(a,\ b)$에서 위로 볼록하다.

함수 $y = f(x)$가 $f''(a) = 0$이고 $x = a$의 좌우에서 $f''(x)$의 부호가 바뀌면 점 $(a,\ f(a))$를 경계로 하여 곡선 $y = f(x)$의 모양이 아래로 볼록에서 위로 볼록(또는 위로 볼록에서 아래로 볼록)으로 바뀐다. 이와 같이 곡선의 오목과 볼록이 바뀌는 점을 곡선 $y = f(x)$의 **변곡점**(inflection point)이라 한다.

또한 이계도함수는 다음과 같이 극점을 판단하는 데에도 쓰인다.

이계도함수와 극댓값과 극솟값의 판정

$f'(a)=0$이고 $f''(x)$가 연속일 때,

$f''(a)>0$이면 점 $(a,\ f(a))$는 극소점이고,

$f''(a)<0$이면 점 $(a,\ f(a))$는 극대점이다.

예제 1 다음 곡선의 극대점과 극소점을 각각 구하라.

또, 오목과 볼록을 조사하고, 변곡점의 좌표를 구하라.

(1) $f(x)=-x^3+3x+5$ (2) $f(x)=\cos x$(단, $0<x<2\pi$)

풀이 (1) $f'(x)=-3x^2+3,\ f''(x)=-6x$이다.

$$f'(x)=0\text{에서 } x=-1,\ 1$$

그런데, $f''(-1)>0$, $f''(1)<0$ 이므로 점 $(-1,3)$은 극소점이고, 점 $(1,\ 7)$은 극대점이다.

또한 $f''(x)=0$에서 $x=0$이고

$$f''(x)>0 \Leftrightarrow x<0, \quad f''(x)<0 \Leftrightarrow x>0$$

이므로 구간 $(-\infty,0)$에서 아래로 볼록하고, 구간 $(0,\infty)$에서 위로 볼록하며, 변곡점의 좌표는 $(0,5)$이다.

(2) $f'(x)=-\sin x,\ f''(x)=-\cos x$이다.

$0<x<2\pi$이므로 $f'(x)=0$에서 $x=\pi$이다.

그런데, $f''(\pi)=-\cos\pi=1>0$이므로 점 $(\pi,-1)$은 극소점이다.

또한 $f''(x)=0$에서 $x=\frac{\pi}{2},\ \frac{3\pi}{2}$이고

$$f''(x)>0 \Leftrightarrow \frac{\pi}{2}<x<\frac{3\pi}{2},$$

$$f''(x)<0 \Leftrightarrow 0<x<\frac{\pi}{2},\ \frac{3\pi}{2}<x<2\pi$$

이므로,

열린 구간 $\left(\frac{\pi}{2},\ \frac{3\pi}{2}\right)$에서 아래로 볼록하고,

열린 구간 $\left(0,\ \frac{\pi}{2}\right), \left(\frac{3\pi}{2},\ 2\pi\right)$에서 위로 볼록하며,

변곡점의 좌표는 $\left(\frac{\pi}{2},\ 0\right), \left(\frac{3\pi}{2},\ 0\right)$이다. ■

이제 도함수를 활용하여 곡선의 개형을 그려보자.

곡선의 개형을 그릴 때에는 함수의 도함수와 이계도함수의 부호를 조사하여 함수의 증가와 감소, 곡선의 오목과 볼록을 나타내는 표를 만들면 편리하다.

보기

함수 $f(x)=2x^3-12x^2+18x-2$의 그래프의 개형을 그려보자.

$f'(x)=6(x-1)(x-3)$ 이므로 $f'(x)=0$에서 $x=1,\ 3$이다.

$f''(x)=12(x-2)$이므로 $f''(x)=0$에서 $x=2$이다.

따라서 함수의 증가와 감소, 곡선의 오목과 볼록을 나타내는 표를 만들고 그래프의 개형을 그리면 다음과 같다.

x	$\cdots$	1	$\cdots$	2	$\cdots$	3	$\cdots$
$f'(x)$	+	0	−	−	−	0	+
$f''(x)$	−	−	−	0	+	+	+
$f(x)$	↗	6 극대	↘	2 변곡점	↘	−2 극소	↗

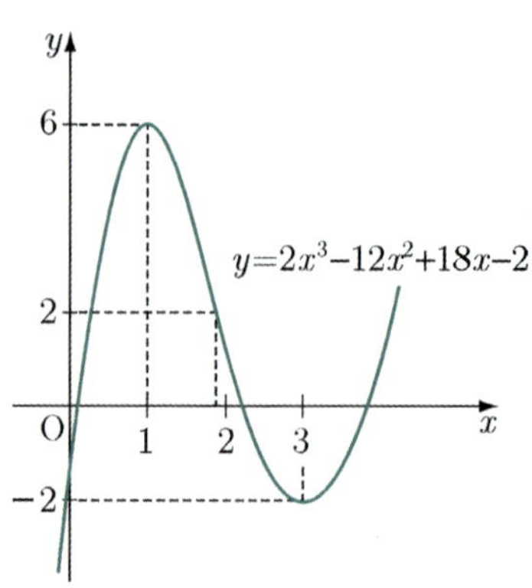

■

예제 2 함수 $f(x) = 3x^4 - 4x^3 - 1$의 그래프의 개형을 그려라.

풀이 $f'(x) = 12x^3 - 12x^2 = 12x^2(x-1) = 0$에서 $x = 0,\ 1$이다.

$f''(x) = 36x^2 - 24x = 12x(3x-2) = 0$에서 $x = 0,\ \frac{2}{3}$이다.

따라서 함수의 증가와 감소, 곡선의 오목과 볼록을 나타내는 표를 만들고 그래프의 개형을 그리면 다음과 같다.

x	$\cdots$	0	$\cdots$	$\frac{2}{3}$	$\cdots$	1	$\cdots$
$f'(x)$	$-$	0	$-$	$-$	$-$	0	$+$
$f''(x)$	$+$	0	$-$	0	$+$	$+$	$+$
$f(x)$	↘	-1 변곡점	↘	$-\frac{43}{27}$ 변곡점	↘	-2 극소	↗

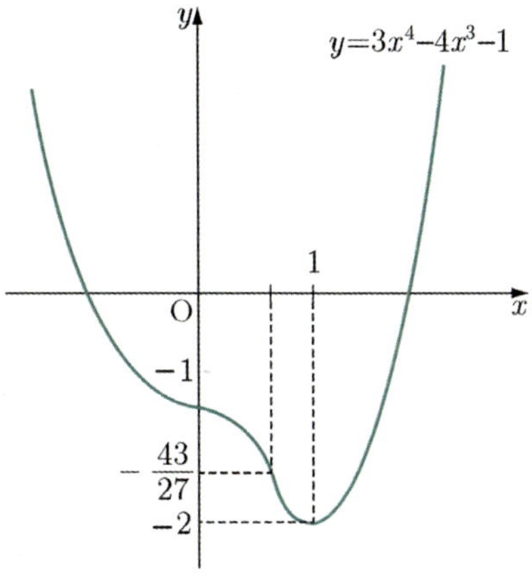

■

이제 유리함수 $f(x) = \frac{p(x)}{q(x)}$(단, $p(x)$, $q(x)$는 다항함수)의 그래프를 그려 보자.

예제 3 함수 $f(x) = \frac{30(x+1)}{x^2+3}$의 그래프의 개형을 그려라.

풀이 모든 실수 x에 대하여 $x^2 + 3 > 0$이므로 정의역은 모든 실수이다.

$$f'(x)=\frac{30\cdot(x^2+3)-30(x+1)(2x)}{(x^2+3)^2}=\frac{-30(x+3)(x-1)}{(x^2+3)^2}$$

이므로 $f'(x)=0$ 에서 $x=-3,\ 1$ 이다.

따라서 함수의 증가와 감소를 나타내는 표는 다음과 같다.

x	$\cdots$	-3	$\cdots$	1	$\cdots$
$f'(x)$	$-$	0	$+$	0	$-$
$f(x)$	↘	-5 극소	↗	15 극대	↘

함수 f (x) 의 그래프의 개형을 그리기 위하여 극한을 조사해 보면

$$\lim_{x\to-\infty}\frac{30(x+1)}{x^2+3}=0,\quad \lim_{x\to\infty}\frac{30(x+1)}{x^2+3}=0$$

이므로, x 가 한없이 커지거나 한없이 작아질 때 함수 f (x) 의 그래프는 한없이 x 축에 가까워짐을 알 수 있다.

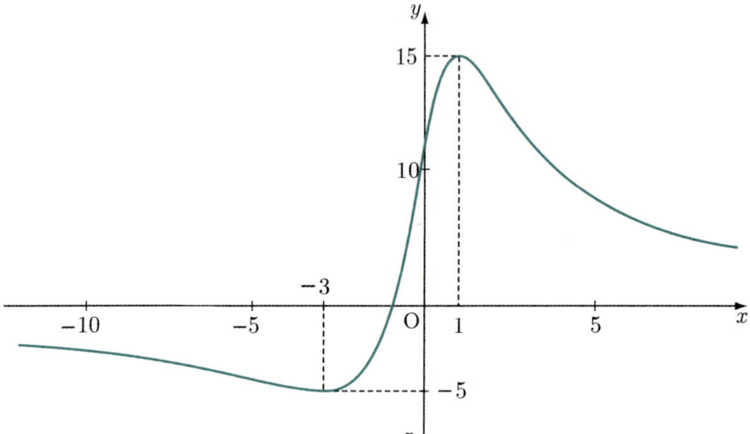

■

함수의 그래프의 개형은 일반적으로 다음을 조사하여 그리면 편리하다.

① 대칭성과 주기 ② 점근선

③ x 절편 또는 y 절편 ④ 함수의 증가와 감소, 극점

⑤ 함수의 오목과 볼록, 변곡점

예제 4 함수 $f(x)=\dfrac{x^2-1}{x^3}$의 그래프의 개형을 그려라.

풀이 $f(-x)=\dfrac{(-x)^2-1}{(-x)^3}=-f(x)$이므로 원점 대칭이다.

$\lim_{x\to 0}f(x)=+\infty$, $\lim_{x\to +0}f(x)=-\infty$이므로 두 직선 $x=0$, $y=0$은 점근선이다. 한편 x절편은 ± 1이고 y절편은 없다. 또한

$$f'(x)=\frac{3-x^2}{x^4}=0\text{에서 } x=\pm\sqrt{3}\text{이고}$$

$$f''(x)=\frac{2(x^2-6)}{x^5}=0\text{에서 } x=\pm\sqrt{6}\text{이므로,}$$

함수의 증가와 감소, 곡선의 오목과 볼록을 나타내는 표를 만들고 그래프의 개형을 그리면 다음과 같다.

x	0	$\cdots$	1	$\cdots$	$\sqrt{3}$	$\cdots$	$\sqrt{6}$	$\cdots$
$f'(x)$	$+$	$+$	$+$	$+$	0	$-$	$-$	$-$
$f''(x)$	$-$	$-$	$-$	$-$	$-$	$-$	0	$+$
$f(x)$	$-\infty$	↱	0	↱	극대 $\dfrac{2}{3\sqrt{3}}$	↘	변곡점 $\dfrac{5}{6\sqrt{6}}$	↳

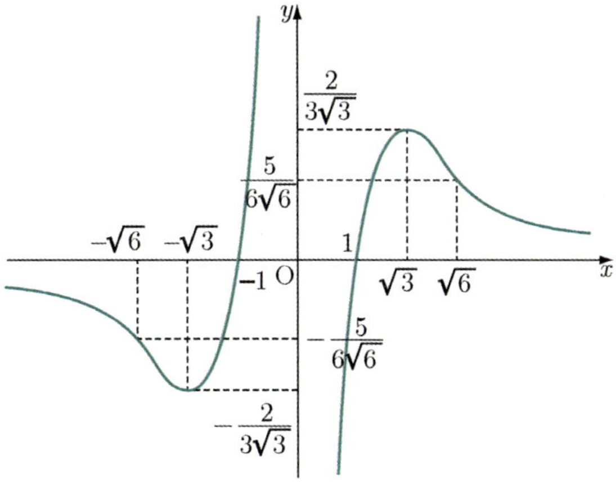

■

연습문제 3.3

1. 다음 함수의 극값을 구하고, 그래프의 개형을 그려라.

(1) $y = 3x^2 - 12x + 5$　　(2) $y = -(x+4)^2 + 1$

2. 다음 곡선이 위로 볼록한 구간과 아래로 볼록한 구간을 조사하고, 변곡점이 있으면 찾아라.

(1) $y = -2(x-3)^2 + 4$　　(2) $y = \dfrac{1}{3}x^3 - x^2 + x + 1$

(3) $y = -(x+2)^2(x-1)$　　(4) $y = \cos x \ (0 < x < 2\pi)$

3. 다음 함수의 극점과 변곡점을 각각 구하고, 곡선의 개형을 그려라.

(1) $f(x) = x^3 - x^2$　　(2) $f(x) = -2x^3 + 6x^2 + 18x + 1$

(3) $f(x) = 3(x^2 - 2)^2$　　(4) $y = -x^5 + 2$

(5) $y = 3x^5 - 5x^3$　　(6) $y = e^{-x^2}$

4. 다음 함수의 그래프의 개형을 그려라.

(1) $y = \dfrac{1}{1 + x^2}$　　(2) $f(x) = \dfrac{x^2 - 2x - 3}{x - 1}$

(3) $f(x) = \dfrac{x - 1}{x^3}$　　(4) $f(x) = \dfrac{x^2}{4(x-2)}$

3.4 도함수의 활용

이 절에서는 여러 가지 도함수의 활용에 대하여 알아보자.

함수 $f(x)$가 닫힌 구간 $[a,\ b]$에서 연속이면 닫힌 구간 $[a,\ b]$에서 반드시 최댓값과 최솟값을 가진다. 이때 도함수를 이용하면 최댓값과 최솟값을 구할 수 있다.

> **최댓값과 최솟값**
> 함수 $f(x)$가 닫힌 구간 $[a,\ b]$에서 극값을 가질 때, 함수 $f(x)$의
>
> 최댓값은 극값, $f(a)$, $f(b)$ 중에서 가장 큰 값이고,
> 최솟값은 극값, $f(a)$, $f(b)$ 중에서 가장 작은 값이다.

보기

닫힌 구간 $[-3,\ \sqrt{3}\,]$에서 정의된 함수 $f(x)=-x^3+3x$에 대하여

$$f'(x)=-3x^2+3=-3(x+1)(x-1)=0$$

에서 $x=-1,\ 1$이므로 닫힌 구간 $[-3,\ \sqrt{3}\,]$에서 함수 $f(x)$의 극값은

$$f(-1)=-2, \quad f(1)=2$$

이다. 또한 $f(-3)=18$, $f(\sqrt{3})=0$이므로
최댓값은 $x=-3$일 때 18이고, 최솟값은 $x=-1$일 때 -2이다.

예제 1 다음 함수의 주어진 구간에서의 최댓값과 최솟값을 구하라.

(1) $f(x)=\dfrac{x}{x^2-x+1}$, $[-2,\ 2]$ (2) $f(x)=(x^2-4)^5$, $[-3,\ 2]$

풀이 (1) $f'(x)=-\dfrac{(x+1)(x-1)}{(x^2-x+1)^2}=0$에서 $x=-1,\ 1$이므로

닫힌 구간 $[-2,\ 2]$에서 함수 $f(x)$의 극값은

$$f(-1)=-\frac{1}{3}, \quad f(1)=1$$

이다. 또한 $f(-2)=-\frac{2}{7}$, $f(2)=\frac{2}{3}$이므로

최댓값은 $x=1$일 때 1이고, 최솟값은 $x=-1$일 때 $-\frac{1}{3}$이다.

(2) $f'(x)=5(x^2-4)^4(x^2-4)'=10x(x^2-4)^4=0$에서 $x=-2, 2, 0$이다. 그런데, $x=-2, 2$의 좌우에서 $f'(x)$의 부호는 변하지 않는다.
한편 $x<0$이면 $f'(x)\le 0$이고 $x>0$이면 $f'(x)\ge 0$이므로 극솟값은
$f(0)=(-4)^5=-1024$이고, 이 값은 최솟값이다. 또한
$f(-3)=5^5=3125$, $f(2)=0$이므로 최댓값은 3125이다. ■

이제 초월함수의 증가와 감소, 오목과 볼록을 조사하여 그래프의 개형을 그리고 최댓값과 최솟값을 구하여 보자.

예제 2 함수 $f(x)=xe^{\frac{x}{2}}$에 대하여 증가하는 구간, 감소하는 구간, 위로 볼록한 구간, 아래로 볼록한 구간을 각각 구하라. 또 최댓값, 최솟값, 변곡점을 각각 구하고, 그 그래프를 그려라.

풀이 $f'(x)=e^{\frac{x}{2}}+\frac{1}{2}xe^{\frac{x}{2}}=\frac{1}{2}e^{\frac{x}{2}}(x+2)$,

$f''(x)=\frac{1}{4}e^{\frac{x}{2}}(x+2)+\frac{1}{2}e^{\frac{x}{2}}=\frac{1}{4}e^{\frac{x}{2}}(x+4)$

먼저, $f'(x)=0$에서 $x=-2$이다.
$x<-2$이면 $f'(x)<0$이고, $x>-2$이면 $f'(x)>0$이므로 함수 $f(x)$는 구간 $(-\infty, -2)$에서 감소하고 구간$(-2, \infty)$에서 증가하며, $x=-2$에서 최솟값 $f(-2)=-\frac{2}{e}$를 가진다.
또한 $f''(x)=0$에서 $x=-4$이다. $x<-4$이면 $f''(x)<0$이고, $x>-4$이면 $f''(x)>0$이므로 함수 $f(x)$는 구간 $(-\infty, -4)$에서 위로 볼록하고 구간 $(-4, \infty)$에서 아래로 볼록하며, 변곡점의 좌표는 $\left(-4, -\frac{4}{e^2}\right)$이다.

한편 $\lim_{x\to-\infty} xe^{\frac{x}{2}}=0$이므로 직선 $y=0$은 점근선이다.

함수 $f(x) = xe^{\frac{x}{2}}$의 그래프 개형은 다음과 같다.

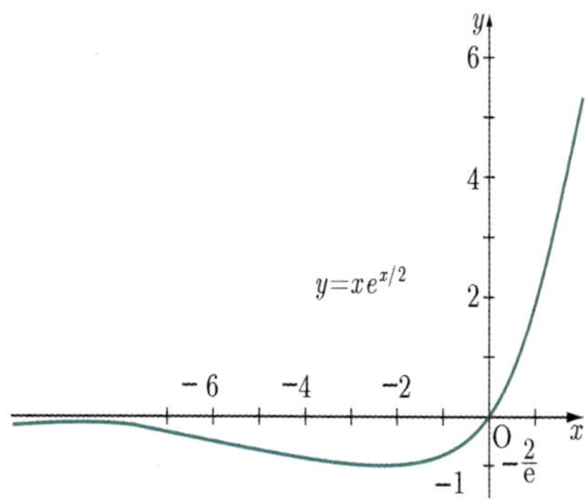

■

도함수를 활용하여 최댓값과 최솟값을 구하는 문제는 생활과 자연에서 흔히 접하는 중요한 문제이다.

예제 3 가로가 48cm, 세로가 30cm인 직사각형 모양의 종이가 있다.
이 종이의 네 모퉁이에서 합동인 정사각형을 잘라 내고 남은 부분을 접어서 뚜껑이 없는 직육면체 모양의 상자를 만들 때, 이 상자 부피의 최댓값을 구하라.

풀이 잘라 내는 정사각형의 한 변의 길이를 $x$cm라고 하면, 상자의 부피 $V(x)\,\text{cm}^3$는 다음과 같다.

$$V(x) = x(48-2x)(30-2x) \quad (\text{단, } 0 \le x \le 15)$$

$V'(x) = 12(x-6)(x-20) = 0$에서 $x = 6,\ 20$이므로
닫힌 구간 $[0, 15]$에서 $V(x)$의 증가와 감소를 나타내는 표는 다음과 같다

x	0	$\cdots$	6	$\cdots$	15
$V'(x)$	+	+	0	−	−
$V(x)$		↗	극대	↘	

따라서 상자의 부피는 $x = 6$일 때 극대이고, 최대이므로, 구하는 부피의 최댓값은 $V(6) = 3888\,(\text{cm}^3)$이다. ■

예제 4 회사에서 물건을 x단위 생산하여 판매할 때의 비용을 $C(x)$, 수입을 $R(x)$라 할 때, 수익함수 $P(x)$는 $P(x)=R(x)-C(x)$이다.
어떤 물건을 x단위 생산하여 판매할 때의 $C(x)$와 $R(x)$가 다음과 같을 때, 수익이 최대가 되는 생산량을 구하라.

$$C(x)=x^2-16x+70 \text{ (만 원)},$$
$$R(x)=-x^3+16x^2-16x \text{ (만 원)}$$

풀이 $P(x)=R(x)-C(x)=-x^3+15x^2-70$
$P'(x)=-3x^2+30x=-3x(x-10)=0$에서 $x=0$ 또는 $x=10$
이므로 $P(x)$의 극값은 $P(0)=-70$, $P(10)=430$이고, 최댓값은 $x=10$일 때 430(만 원)이다. 따라서 수익이 최대가 되는 생산량은 10단위이다.■

이제 도함수를 활용하여 방정식의 실근의 개수를 구하여 보자.

방정식 $f(x)=0$의 실근은 곡선 $y=f(x)$와 x 축과의 교점의 x좌표이므로 곡선 $y=f(x)$와 x축과의 교점의 개수를 조사하면 방정식 $f(x)=0$의 실근의 개수를 구할 수 있다.

보기

방정식 $x^3-3x-1=0$ 의 실근의 개수를 구해 보자.

$f(x)=x^3-3x-1$ 로 놓으면

$$f'(x)=3x^2-3=3(x+1)(x-1)=0$$

에서 $x=1,\ -1$이다.

따라서 함수 $f(x)$의 증가와 감소를 나타내는 표를 만들고, 그래프를 그리면 다음과 같다.

x	…	-1	…	1	…
$f'(x)$	+	0	−	0	+
$f(x)$	↗	1 극대	↘	−3 극소	↗

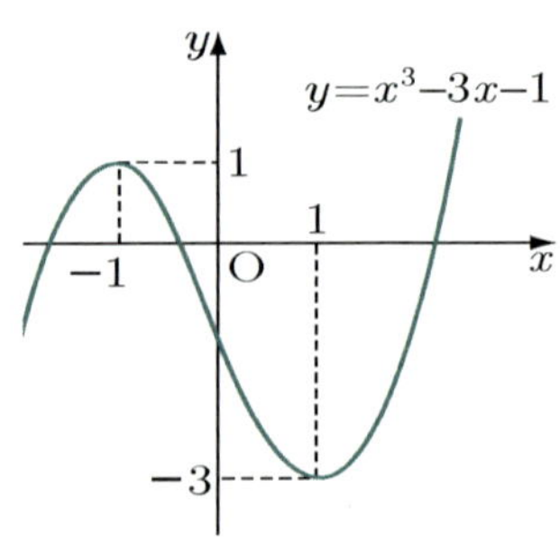

따라서 곡선 $y=x^3-3x-1$은 x축과 세 점에서 만나므로 방정식 $x^3-3x-1=0$은 서로 다른 세 개의 실근을 갖는다.

예제 5 방정식 $x^3-3x-a=0$ 이 서로 다른 세 개의 실근을 가지기 위한 a의 값의 범위를 구하라.

풀이 주어진 방정식을 변형하면 $x^3-3x=a$이므로 함수 $f(x)=x^3-3x$라고 놓으면 $f'(x)=3(x+1)(x-1)=0$에서 $x=-1, 1$이다.

함수 $f(x)$의 증가와 감소를 나타내는 표를 만들고 그래프를 그리면 다음과 같다.

x	$\cdots$	-1	$\cdots$	1	$\cdots$
$f'(x)$	$+$	0	$-$	0	$+$
$f(x)$	↗	2 극대	↘	-2 극소	↗

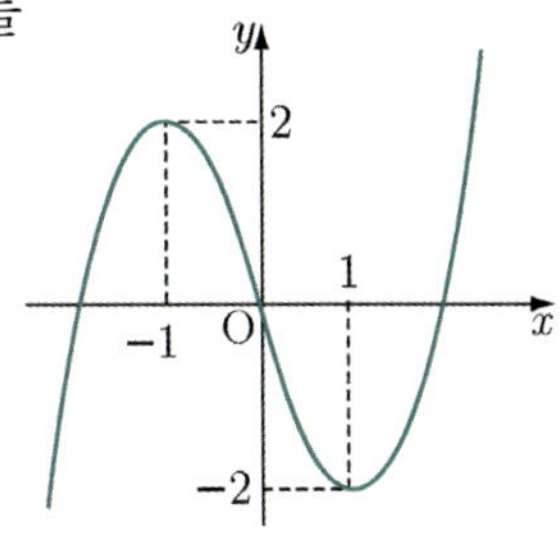

방정식 $x^3-3x=a$의 서로 다른 실근의 개수는 곡선 $y=x^3-3x$와 직선 $y=a$의 교점의 개수이므로, 서로 다른 세 실근을 가지려면 $-2<a<2$이다. ■

여기서는 도함수를 활용하여 부등식을 증명하는 방법을 알아보자.

예제 6 $x\geq 1$일 때, 부등식 $x^3+4\geq 3x^2$이 성립함을 증명하라.

증명 $f(x)=x^3-3x^2+4$로 놓으면

$$f'(x)=3x^2-6x=3x(x-2)=0 \ (\text{단}, x\geq 1)$$

에서 $x=2$이다.

따라서 함수 $f(x)$의 증가와 감소를 나타내는 표는 다음과 같다.

x	1	$\cdots$	2	$\cdots$
$f'(x)$	$-$	$-$	0	$+$
$f(x)$	2	↘	0 극소	↗

$x\geq 1$ 일 때, 함수 $f(x)$의 최솟값은 0이므로 $f(x)\geq 0$ 즉, $x^3-3x^2+4\geq 0$이다.

따라서 $x\geq 1$일 때, 부등식 $x^3+4\geq 3x^2$이 성립한다. ■

연습문제 3.4

1. 다음 함수에 대하여 주어진 구간에서 최댓값과 최솟값을 구하라.

(1) $f(x) = -2x^3 + 9x^2 - 12x + 1,\ [0, 2]$ (2) $f(x) = x^4 - 2x^2 + 1,\ [-2, 3]$

(3) $f(x) = xe^{-x},\ [0, 2]$ (4) $f(x) = \sin x + \cos x,\ [0, \pi]$

2. 밑면의 반지름의 길이 r와 높이 h의 합이 일정한 원기둥 중에서 부피가 최대인 원기둥의 r와 h의 비 $r : h$를 구하라.

3. 어떤 약을 환자에게 주사했을 때, t시간 후의 이 약의 농도 $C(t)$가

$$C(t) = \frac{0.15t}{t^2 + 0.81}$$

이다. 이 약의 농도가 최대일 때는 주사를 놓은 지 몇 시간 후인가?

4. 다음 방정식의 서로 다른 실근의 개수를 조사하라.

(1) $-x^3 + 3x = -4$ (2) $x^4 + 4x - 2 = 0$

5. (1) 방정식 $x^3 - 3x^2 - 9x + p = 0$이 하나의 양의 실근과 서로 다른 두 음의 실근을 갖도록 하는 p의 값의 범위를 구하라.

(2) 방정식 $e^x = x + k$가 서로 다른 두 실근을 갖도록 하는 k의 값의 범위를 구하라.

6. 다음 부등식이 성립함을 증명하라.

(1) $x \geq 0$일 때, $x^3 + 2 > x^2 + x$

(2) 모든 실수 x에 대하여 $4x^3 - 1 \leq 3x^4$

(3) n은 2 이상의 자연수이고 $x \geq 0$일 때, $x^n - 1 \geq n(x-1)$

(4) $x > 0$일 때, $e^x > x + 1$

3.5 여러 가지 변화율

생활과 자연에서 여러 가지 변화하는 현상을 설명하는 데 도함수가 활용된다.

먼저 미분을 이용하여 수직선 위를 움직이는 물체의 속도와 가속도를 구해 보자.

수직선 위를 움직이는 점P 의 시각 t에서의 위치는 t의 함수이므로 $x=f(t)$로 나타낼 수 있다. 시각이 t에서 $t+\Delta t$까지 변할 때, 점 P 의 위치는 x에서 $x+\Delta x$까지 변한다고 하자. 이때 점 P 의 평균속도는

$$\frac{\Delta x}{\Delta t}=\frac{f(t+\Delta t)-f(t)}{\Delta t}$$

이므로 함수 $f(t)$의 평균변화율과 같다.

여기서 함수 $x=f(t)$의 시각 t에서의 순간변화율을 점 P 의 순간속도 또는 **속도**(velocity)라고 하며, v로 나타낸다. 즉

$$v=\frac{dx}{dt}=\lim_{\Delta t \to 0}\frac{f(t+\Delta t)-f(t)}{\Delta t}$$

또, 속도의 절댓값 $|v|$를 시각 t에서의 점 P 의 **속력**(speed)이라고 한다.

한편 점P 의 시각 t에서의 속도 v의 순간변화율을 **가속도**(acceleration)라 하고, a로 나타낸다. 즉

$$a=\frac{dv}{dt}=\frac{d^2x}{dt^2}$$

이다.

속도와 가속도

수직선 위를 움직이는 점 P 의 시각 t에서의 위치 x가 $x=f(t)$일 때,

점 P 의 시각 t에서의 속도 v와 가속도 a는 다음과 같다.

$$v=\frac{dx}{dt}=f'(t),\quad a=\frac{dv}{dt}=f''(t)$$

보기

수직선 위를 움직이는 점 P의 시각 t에서의 위치가 $x = 4t^3 - 8t^2$ 일 때,

$$v = \frac{dx}{dt} = 12t^2 - 16t,\ a = \frac{dv}{dt} = 24t - 16$$

이므로 $t = 1$에서의 속도 v와 가속도 a는 $v = -4,\ a = 8$이다.

또, $v = 4t(3t-4) = 0$에서 $t = 0,\ \frac{4}{3}$이고,

$$0 < t < \frac{4}{3} \text{일 때 } v < 0,\ t > \frac{4}{3} \text{일 때 } v > 0$$

이므로 $t = \frac{4}{3}$일 때 점 P는 움직이는 방향을 바꾼다.

예제 1 지면에서 29.4m/초의 빠르기로 똑바로 쏘아 올린 물체의 t초 후의 높이 x m가 다음과 같을 때, 물음에 답하라.

$$x = 29.4t - 4.9t^2$$

(1) 물체가 지면에 떨어지는 순간의 속도와 가속도를 구하라.

(2) 물체가 최고 높이에 도달할 때의 높이를 구하라.

풀이 $v = \frac{dx}{dt} = 29.4 - 9.8t,\ a = \frac{dv}{dt} = -9.8$

(1) 물체가 지면에 떨어지는 순간은 높이가 0이므로

$29.4t - 4.9t^2 = 0 \quad \therefore\ t = 0,\ 6$

따라서 구하는 속도와 가속도는 다음과 같다.

$v(6) = 29.4 - 9.8 \times 6 = -29.4$(m/초),

$a(6) = -9.8$ (m/초^2)

(2) 물체가 최고 높이에 도달할 때의 속도는 0이므로

$v = 29.4 - 9.8t = 0 \quad \therefore\ t = 3$

따라서 최고 높이에 도달할 때의 높이는 다음과 같다.

$x(3) = 29.4 \times 3 - 4.9 \times 3^2 = 44.1$(m) ■

예제 2 어떤 입자의 t초일 때의 위치가 $f(t)=\dfrac{1}{1+t}$(m)이다.

이 입자의 $t=2$일 때의 속도와 속력, 가속도를 구하라.

풀이 $v=f'(t)=-\dfrac{1}{(1+t)^2}$, $a=f''(t)=\dfrac{2}{(1+t)^3}$

이므로, 이 입자의 $t=2$일 때의 속도는 $f'(2)=-\dfrac{1}{9}$(m/s), 속력은

$|f'(2)|=\dfrac{1}{9}$(m/s), 가속도는 $f''(2)=\dfrac{2}{27}(\mathrm{m/s^2})$이다. ■

달리는 자동차의 브레이크를 밟으면 자동차는 멈추고, 커다란 눈덩이는 시간이 지남에 따라 점차 녹아서 작아진다. 이와 같은 현상에서 시간이 변함에 따라 자동차의 위치, 눈덩이의 부피도 변한다. 시각 t에서의 길이, 넓이, 부피가 $l(t)$, $S(t)$, $V(t)$일 때, 길이, 넓이, 부피의 변화율은 각각 다음과 같다.

$$\frac{d}{dt}l(t),\ \frac{d}{dt}S(t),\ \frac{d}{dt}V(t)$$

예제 3 키가 1.65m인 사람이 높이가 3m인 가로등의 바로 아래에서 출발하여 일직선으로 매분 90m의 속도로 걸어갈 때, 다음을 구하라.

(1) 그림자 앞 끝의 속도

(2) 그림자 길이의 변화율

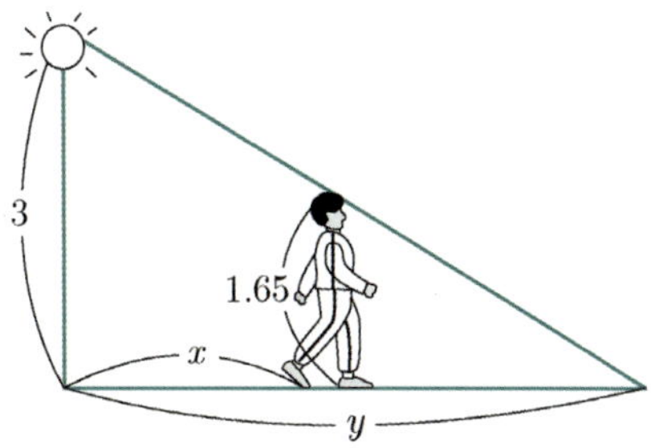

풀이 (1) t분 후에 가로등의 바로 아래에서 사람까지의 거리를 xm, 가로등에서 그림자 앞 끝까지의 거리를 ym라고 하자.

삼각형의 닮음에 의하여 다음이 성립한다.

$$3 : 1.65 = y : y-x \quad \therefore\ 1.35y = 3x$$

이때 $\dfrac{dx}{dt}=90$이고, 구하려는 그림자 앞 끝의 속도는 $\dfrac{dy}{dt}$이다.

따라서 식 $1.35y=3x$의 양변을 t에 대하여 미분하면 다음을 얻는다.

$$1.35\frac{dy}{dt}=3\frac{dx}{dt} \quad \therefore\ \frac{dy}{dt}=200(\text{m/분})$$

(2) 그림자의 길이를 lm라고 하면 $l = y - x$이다.

$\frac{dx}{dt} = 90$, $\frac{dy}{dt} = 200$이므로, 구하는 $\frac{dl}{dt}$는 다음과 같다.

$$\frac{dl}{dt} = \frac{dy}{dt} - \frac{dx}{dt} = 200 - 90 = 110(\text{m/분})$$ ■

예제 4 잔잔한 호수에 돌을 던지면 동심원의 파문이 생긴다. 바깥쪽 파문의 반지름의 길이가 매초 2m씩 커질 때, 5초 후의 파문의 넓이의 변화율을 구하라.

풀이 t초 후의 바깥쪽 파문의 반지름의 길이를 r라 하면 파문의 넓이는 $S = \pi r^2$이므로

$$\frac{dS}{dt} = 2\pi r \frac{dr}{dt}$$

이다. 반지름의 길이가 매초 2m씩 커지므로 $\frac{dr}{dt} = 2$이고, 5초 후 $r = 2 \cdot 5 = 10(\text{m})$이다.

따라서 5초 후의 파문의 넓이의 변화율은 다음과 같다.

$$\frac{dS}{dt} = 2\pi \cdot 10 \cdot 2 = 40\pi(\text{m}^2/\text{초})$$ ■

예제 5 시간에 따른 전하량의 변화율을 전류의 세기라고 한다. 어느 전선에 t초 동안 흐르는 전하량을 $\frac{1}{4}t^4 + \frac{1}{3}t^3 + t$ (쿨롱)이라 할 때, 4초 후에 이 전선에 흐르는 전류의 세기를 구하라. (단, 전류의 세기의 단위는 암페어(쿨롱/초)이다.)

풀이 $f(t) = \frac{1}{4}t^4 + \frac{1}{3}t^3 + t$라고 하면 $f'(t) = t^3 + t^2 + 1$이다.

따라서 4초 후의 전류의 세기는 $f'(4) = 81$(암페어)이다. ■

예제 6 방사성탄소 ${}_6\mathrm{C}^{14}$의 1g이 t년 후에 $y(g)$이 되었을 때,

$$y = e^{kt} \quad (\text{단, } k = -0.000121)$$

이 성립한다고 한다. 이때 ${}_6\mathrm{C}^{14}$ 의 양 y와 그 변화율 $\frac{dy}{dt}$의 관계를 구하라.

풀이 $y = e^{kt}$에서 $\frac{dy}{dt} = ke^{kt} = ky$이므로, $\frac{dy}{dt}$는 y에 비례한다. ■

연습문제 3.5

1. 수직선 위를 움직이는 점 P의 시각 t에서의 위치 x가 $x(t)=t^3-12t^2+36t$일 때, $t=5$에서의 이 물체의 속도, 가속도 및 속력을 각각 구하라.

2. 어떤 기차가 브레이크를 건 후 t초 동안에 미끄러지는 거리를 $s(t)$(m)라고 하면 $s(t)=-0.45t^2+27t$이다. 이 기차는 브레이크를 건 후 정지할 때까지 미끄러지는 거리를 구하라.

3. 수면으로부터 30m 높이의 암벽에서 길이 58m인 줄로 배를 끌어당기고 있다. 4m/초의 속력으로 줄을 당길 때, 2초 후의 배의 속력을 구하라.

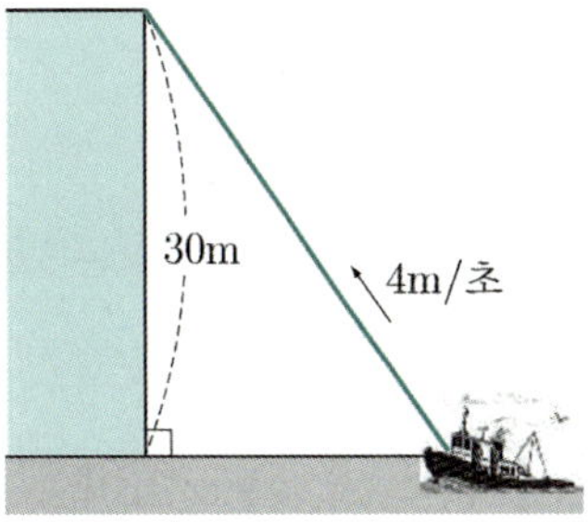

4. 윗면의 반지름의 길이가 4cm, 높이가 10cm인 직원뿔 모양의 용기에 매초 4cm^3씩 포도주를 넣는다고 한다. 높이가 5cm일 때, 포도주 면의 상승속도를 구하라.

5. 처음 반지름의 길이가 20cm인 구 모양의 풍선에 공기를 넣어, 매초 1cm씩 반지름의 길이가 커지고 있다. 10초 후의 풍선의 겉넓이와 부피의 변화율을 구하라.

6. 높이가 10m인 다이빙대에서 뛰어내린 다이빙 선수의 t초 후의 높이는

$$h(t)=-5t^2+5t+10(\text{m})$$

일 때, 이 선수가 수면에 닿는 순간의 속도를 구하라.

7. 수증기가 응결하여 빗방울이 만들어질 때, 시간에 대한 빗방울의 부피 V의 변화율은 빗방울의 겉넓이 S에 비례한다고 한다. 이때 빗방울의 겉넓이의 변화율은 빗방울 반지름의 길이 r에 비례함을 보여라. (단, 빗방울은 구모양이다.)

8. 구 모양 수박이 반지름의 길이가 매주 5cm씩 커지고 있다. 껍질의 두께는 반지름 길이의 $\frac{1}{10}$일 때, 5주 후의 껍질의 부피는 얼마나 빨리 커지고 있는가?(단, 처음 반지름 길이는 0cm이다.)

9. 5℃인 물체를 -20℃인 냉장고에 넣었을 때, x분 후 이 물체의 온도 $f(x)$℃는

$$f(x) = 25e^{-kx} - 20 \quad (\text{단, } k\text{는 비례상수})$$

일 때, 냉장고에 넣은 지 10분 후 이 물체의 온도의 순간변화율을 구하라.

10. 시각이 t(단, $t=0$는 3월 1일 0시)일 때, 해수면의 높이 y(m)는

$$y = 10 - 2\cos\frac{\pi}{6}t \quad (0 \le t \le 12)$$

일 때, 다음 물음에 답하라.

(1) 해수면의 높이가 9m일 때, 해수면의 높이의 순간변화율을 구하라.

(2) 해수면의 높이의 변화가 가장 클 때는 언제인지를 모두 말하여라.

11. 어떤 사람이 250m 높이의 해안 절벽에 서서 절벽 아래 해안으로 초속 20m로 다가오는 배를 망원경으로 보고 있다. 배까지의 거리가 250m인 순간, 망원경이 절벽의 수직면과 이루는 각의 크기의 변화율을 구하라.

제 4 장

부정적분과 정적분

문화 유산인 토기는 발굴 당시에는 산산이 부서져 있으나 원상태로 복원되어 박물관에 전시되어 있다. 이와 같이 분해와 조립의 관계는 수학에서 미분과 적분에서도 찾아볼 수 있다.

이 장에서는 적분의 기초가 되는 부정적분을 정의하고, 부정적분의 성질을 배우며 이를 이용하여 다항함수 및 기본형의 삼각함수, 지수함수와 로그함수의 부정적분을 구한다. 또 정적분의 정의와 성질을 배우며, 정적분의 계산을 쉽게 하기 위한 미적분학의 기본정리를 다루고, 정적분의 여러 가지 성질에 대하여 알아본다.

4.1 여러 가지 함수의 부정적분

$f(x)$가 미분가능한 함수일 때, 정의역의 모든 x에 대하여 함수 $f(x)$를 미분하여 $f(x)$의 도함수 $f'(x)$를 얻었다. 역으로 함수 $f(x)$가 주어져 있을 때, 도함수가 $f(x)$인 함수에 대하여 알아보자.

일반적으로 함수 $f(x)$에 대하여

$$F'(x) = f(x)$$

가 되는 함수 $F(x)$를 함수 $f(x)$를 함수 $f(x)$의 **부정적분**(indefinite integral)이라 하고, 기호로

$$\int f(x)dx$$

로 나타낸다. 이때 함수 $f(x)$를 피적분함수라 하고, 함수 $f(x)$의 부정적분을 구하는 것을 $f(x)$를 **적분한다**고 한다.

한편 상수 C에 대하여

$$\{F(x) + C\}' = F'(x) = f(x)$$

이다. 또 함수 $G(x)$가 $G'(x) = f(x)$이면

$$\{G(x) - F(x)\}' = G'(x) - F'(x) = f(x) - f(x) = 0$$

이다. 이때 도함수가 0인 함수는 상수함수이므로

$$G(x) - F(x) = C \ (C\text{는 상수})$$

이다. 따라서 도함수가 $f(x)$인 함수 중의 하나를 $F(x)$라고 하면 $G'(x) = f(x)$인 $G(x)$는 일반적으로 $G(x) = F(x) + C$ (단, C는 상수)의 꼴로 나타낼 수 있다. 즉,

$$\int f(x)dx = F(x) + C$$

이다. 이때 C를 **적분상수**라고 한다.

부정적분의 정의

$F'(x) = f(x)$일 때, $\int f(x)dx = F(x) + C$ (단, C는 적분상수)

보기

(1) $(x)' = 1$이므로 $\int 1dx = x + C$이다.

(2) $(x^3)' = 3x^2$이므로 $\int 3x^2 dx = x^3 + C$ 이다.

이제 함수의 실수배, 합, 차의 부정적분에 대하여 알아보자.

두 함수 $f(x)$, $g(x)$의 부정적분을 각각

$$\int f(x)dx = F(x) + C_1, \quad \int g(x)dx = G(x) + C_2 \;\; (C_1,\ C_2\text{는 상수})$$

라고 하면

$$F'(x) = f(x), \quad G'(x) = g(x)$$

이다. 이때 임의의 상수 k에 대하여

$$(kF(x))' = kF'(x) = kf(x),$$
$$(F(x) \pm G(x))' = F'(x) \pm G'(x) = f(x) \pm g(x) \text{ (단, 복부호동순)}$$

이므로 부정적분에 관한 다음 성질이 성립한다.

함수의 실수배, 합, 차의 부정적분

$$\int kf(x)dx = k\int f(x)dx \text{ (단, } k\text{는 상수)}$$

$$\int \{f(x) \pm g(x)\}dx = \int f(x)dx \pm \int g(x)dx \text{ (단, 복부호동순)}$$

함수 $y = x^{\alpha}$(단, α는 실수)의 부정적분을 구해보자.

α가 $\alpha \neq -1$인 실수일 때, 미분법에 의하여

$$\left(\frac{1}{\alpha+1}x^{\alpha+1}\right)' = x^{\alpha}$$

이므로

$$\int x^{\alpha}dx = \frac{1}{\alpha+1}x^{\alpha+1} + C \,(C\text{는 적분상수})$$

이다.

함수 $y = x^{\alpha}$의 부정적분

α가 $\alpha \neq -1$인 실수일 때,

$$\int x^{\alpha}dx = \frac{1}{\alpha+1}x^{\alpha+1} + C \text{ (단, } C\text{는 적분상수)}$$

보기

(1) $\int x^2 dx = \frac{1}{2+1}x^{2+1} + C = \frac{1}{3}x^3 + C$

(2) $\int 1dx = \int x^0 dx = \frac{1}{0+1}x^{0+1} + C = x + C$

(3) $\int x^{-\frac{2}{3}}dx = \frac{1}{-\frac{2}{3}+1}x^{-\frac{2}{3}+1} + C = 3\sqrt[3]{x} + C$

x^n(단, n은 자연수)의 부정적분과 함수의 실수배, 합, 차의 부정적분을 이용하면 다항함수

$$f(x) = a_n x^n + a_{n-1}x^{n-1} + \cdots + a_1 x + a_0 \text{ (단, } n = 1, 2, \cdots)$$

의 부정적분은 다음과 같이 구할 수 있다.

$$\int f(x)dx = a_n \int x^n dx + a_{n-1}\int x^{n-1}dx + \cdots + a_1 \int xdx + a_0 \int 1dx$$

보기

$$\begin{aligned}\int (x^3 + 4x - 1)dx &= \int x^3 dx + 4\int xdx - \int 1dx \\ &= \left(\frac{x^4}{4} + C_1\right) + 4\left(\frac{x^2}{2} + C_2\right) - (x + C_3) \\ &= \frac{x^4}{4} + 2x^2 - x + C\end{aligned}$$

예제 1 다음 부정적분을 구하라.

(1) $I_1 = \int (x-5)^2 dx$ (2) $I_2 = \int t^2(t-3)dt$

풀이 (1) $I_1 = \int (x^2 - 10x + 25)dx$

$$= \frac{x^3}{3} - 5x^2 + 25x + C$$

(2) $I_2 = \int (t^3 - 3t^2)dt = \frac{t^4}{4} - t^3 + C$ ■

예제 2 다음을 구하라.

(1) $\frac{d}{dx}\int (3x^2 - 2x + 4)dx$ (2) $\frac{d}{dx}\int f(x)dx$

풀이 (1) $\frac{d}{dx}\int (3x^2 - 2x + 4)dx = \frac{d}{dx}(x^3 - x^2 + 4x + C)$

$$= 3x^2 - 2x + 4$$

(2) $\frac{d}{dx}\int f(x)dx = \frac{d}{dx}\{F(x) + C\}$ (단, $F'(x) = f(x)$)

$$= F'(x) = f(x)$$ ■

기본적인 삼각함수의 도함수로부터 다음과 같은 부정적분을 얻는다.

삼각함수의 부정적분

① $\int \cos x\, dx = \sin x + C$ ② $\int \sin x\, dx = -\cos x + C$

③ $\int \sec^2 x\, dx = \tan x + C$ ④ $\int \csc^2 x dx = -\cot x + C$

⑤ $\int \sec x \tan x\, dx = \sec x + C$ ⑥ $\int \csc x \cot x\, dx = -\csc x + C$

보기

$$\int (2\sin x + 3\cos x)\, dx = 2\int \sin x\, dx + 3\int \cos x\, dx$$

$$= -2\cos x + 3\sin x + C$$

예제 3 다음 부정적분을 구하라.

(1) $\int (\tan x + \cot x)^2\, dx$ (2) $\int \frac{1}{1-\sin^2 x}\, dx$

(3) $\int \frac{\sin^2 x}{1+\cos x}\, dx$ (4) $\int \sec x(\tan x - \sec x)\, dx$

풀이 (1) $(\tan x + \cot x)^2 = \tan^2 x + \cot^2 x + 2\tan x \cot x = \sec^2 x + \csc^2 x$ 이므로

$$\begin{aligned}\int (\tan x + \cot x)^2\, dx &= \int (\sec^2 x + \csc^2 x)\, dx \\ &= \int \sec^2 x\, dx + \int \csc^2 x\, dx \\ &= \tan x - \cot x + C\end{aligned}$$

(2) $$\begin{aligned}\int \frac{1}{1-\sin^2 x}\, dx &= \int \frac{1}{\cos^2 x} dx \\ &= \int \sec^2 x dx = \tan x + C\end{aligned}$$

(3) $$\begin{aligned}\int \frac{\sin^2 x}{1+\cos x}\, dx &= \int \frac{1-\cos^2 x}{1+\cos x} dx \\ &= \int (1-\cos x) dx = x - \sin x + C\end{aligned}$$

(4) $$\begin{aligned}\int \sec x(\tan x - \sec x) dx &= \int (\sec x \tan x - \sec^2 x) dx \\ &= \sec x - \tan x + C\end{aligned}$$ ■

지수함수의 도함수는

$$(e^x)' = e^x,\ (a^x)' = a^x \ln a \ (\text{단},\ a>0,\ a \neq 1)$$

이므로 다음과 같은 지수함수의 부정적분을 얻는다.

지수함수의 부정적분

① $\int e^x\, dx = e^x + C$

② $\int a^x\, dx = \frac{a^x}{\ln a} + C$ (단, $a>0$, $a \neq 1$)

보기

$$\int (3^x + e^x)dx = \int 3^x dx + \int e^x dx$$

$$= \frac{3^x}{\ln 3} + e^x + C$$

예제 4 k가 $k \neq 0$ 인 임의의 실수일 때, 다음이 성립함을 보여라.

$$\int a^{kx}\, dx = \frac{a^{kx}}{k \ln a} + C \ (\text{단},\ a > 0,\ a \neq 1)$$

특히, $\int e^{kx}\, dx = \frac{e^{kx}}{k} + C$ 가 성립한다.

풀이 $(a^{kx})' = a^{kx} \cdot \ln a \cdot k$에서

$$\left(\frac{a^{kx}}{k \ln a}\right)' = \frac{1}{k \ln a} \cdot (a^{kx})' = \frac{1}{k \ln a} \cdot (a^{kx} \cdot \ln a \cdot k) = a^{kx}$$

이므로 부정적분의 정의에 의해 다음이 성립한다.

$$\int a^{kx}\, dx = \frac{a^{kx}}{k \ln a} + C$$

특히, $a = e$ 이면 $\int e^{kx}\, dx = \frac{e^{kx}}{k} + C$ 가 성립한다. ■

예제 5 다음 부정적분을 구하라.

(1) $\int 10^{2x}\, dx$　　　　(2) $\int \frac{8^x + 1}{2^x + 1} dx$

풀이 (1) $\int 10^{2x}\, dx = \frac{10^{2x}}{2 \ln 10} + C$

(2) $$\int \frac{8^x + 1}{2^x + 1} dx = \int \frac{(2^x)^3 + 1}{2^x + 1} dx$$

$$= \int \frac{(2^x + 1)\{(2^x)^2 - 2^x + 1\}}{2^x + 1} dx$$

$$= \int (4^x - 2^x + 1) dx = \frac{4^x}{\ln 4} - \frac{2^x}{\ln 2} + x + C$$ ■

이제 로그함수의 도함수 공식에서 $(\ln|x|)' = \dfrac{1}{x}$ 이므로

$$\int \frac{1}{x}\,dx = \ln|x| + C \; (C\text{는 적분상수})$$

이고, $(\ln|f(x)|)' = \dfrac{f'(x)}{f(x)}$ (단, $f(x) \neq 0$)로부터 다음을 얻는다.

함수 $\dfrac{f'(x)}{f(x)}$ 의 부정적분

$$\int \frac{f'(x)}{f(x)}\,dx = \ln|f(x)| + C \quad (\text{단, } f(x) \neq 0)$$

특히, $\displaystyle\int \frac{1}{x}\,dx = \ln|x| + C$

보기

(1) $$\int \frac{1}{2x+7}dx = \frac{1}{2}\int \frac{2}{2x+7}dx = \frac{1}{2}\int \frac{(2x+7)'}{2x+7}dx$$
$$= \frac{1}{2}\ln|2x+7| + C$$

(2) $$\int \frac{2x}{x^2+1}\,dx = \int \frac{(x^2+1)'}{x^2+1}\,dx$$
$$= \ln|x^2+1| + C$$

예제 6 다음 부정적분을 구하라.

(1) $\displaystyle\int \frac{\sin 2x}{1+\sin^2 x}\,dx$ (2) $\displaystyle\int \frac{x^2}{x^3+1}\,dx$

풀이 (1) $(1+\sin^2 x)' = 2\sin x\cos x = \sin 2x$ 이므로

$$\int \frac{\sin 2x}{1+\sin^2 x}\,dx = \int \frac{(1+\sin^2 x)'}{1+\sin^2 x}\,dx$$
$$= \ln(1+\sin^2 x) + C$$

$$(2) \int \frac{x^2}{x^3+1}dx = \frac{1}{3}\int \frac{3x^2}{x^3+1}dx$$
$$= \frac{1}{3}\int \frac{(x^3+1)'}{x^3+1}dx$$
$$= \frac{1}{3}\ln|x^3+1| + C$$

■

예제 7 다음이 성립함을 보여라.

(1) $\int \tan x\, dx = -\ln|\cos x| + C$

(2) $\int \sec x\, dx = \ln|\sec x + \tan x| + C$

풀이 (1) $\int \tan x\, dx = \int \frac{\sin x}{\cos x}\, dx$

$$= -\int \frac{-\sin x}{\cos x}\, dx$$
$$= -\ln|\cos x| + C$$

(2) $\frac{(\sec x + \tan x)'}{\sec x + \tan x} = \frac{\sec x \tan x + \sec^2 x}{\sec x + \tan x} = \sec x$

이므로

$$\int \sec x\, dx = \int \frac{(\sec x + \tan x)'}{\sec x + \tan x}dx$$
$$= \ln|\sec x + \tan x| + C$$

■

연습문제 4.1

1. 다음 다항함수의 부정적분을 구하라.

(1) $\int x^3 dx$

(2) $\int \sqrt{2}\, x^{2015} dx$

(3) $\int (3x+5) dx$

(4) $\int (3x^2-7x+4) dx$

(5) $\int (x-5)^2 dx$

(6) $\int x(x-2)(x-3) dx$

2. 다음 삼각함수의 부정적분을 구하라

(1) $\int \left(\sin\frac{x}{2} - \cos\frac{x}{2}\right)^2 dx$

(2) $\int \frac{1}{1-\cos^2 x} dx$

(3) $\int \frac{\sin x}{\cos^2 x} dx$

(4) $\int \cos^2 \frac{x}{2} dx$

3. 다음 지수함수의 부정적분을 구하라.

(1) $\int \frac{e^x - e^{-x}}{2} dx$

(2) $\int \left(e^x - \frac{2}{x}\right) dx$

(3) $\int 2^x (2^x + 1) dx$

(4) $\int (2e^x - 3^x) dx$

4. 다음 부정적분을 구하라.

(1) $\int \frac{5x^4}{x^5+1} dx$

(2) $\int \frac{\sin 3\theta}{1+\cos 3\theta} d\theta$

(3) $\int \cot x \, dx$

(4) $\int \csc x \, dx$

4.2 정적분의 정의

함수 $y=f(x)\ge 0$가 닫힌 구간 $[a, b]$에서 연속일 때, 곡선 $y=f(x)$와 x축 및 두 직선 $x=a$, $x=b$로 둘러싸인 영역의 넓이를 구하는 방법에 대하여 알아보자.

먼저 닫힌 구간 $[a, b]$를

$$a=x_0<x_1<\cdots<x_{n-1}<x_n=b$$

인 $(n+1)$개의 점 $x_0,\ x_1,\ \cdots,\ x_n$에 의하여 n개의 소구간 $[x_{k-1},\ x_k]$ $(k=1,\ 2,\ \cdots,\ n)$으로 나눌 수 있다. 이때 $P=\{x_0,\ x_1,\ \cdots,\ x_n\}$를 닫힌 구간 $[a,\ b]$의 분할(partitions)이라 한다. 이제 각 소구간 $[x_{k-1},\ x_k]$에서 점 ${x_k}^*$를 택하면, n개의 직사각형의 넓이와 합

$$\sum_{k=1}^{n} f({x_k}^*)(x_k-x_{k-1})$$

을 얻는다. 각 소구간 $[x_{k-1},\ x_{kl}]$의 길이 중 최대인 것을 $\varDelta$로 나타내면 $\varDelta$가 작을수록 분할은 세분된다. 분할을 한없이 세분할 때 즉, $\varDelta\to 0$일 때, $\sum_{k=1}^{n} f({x_k}^*)(x_k-x_{k-1})$은 구하려는 영역의 넓이에 한없이 가까워지므로, 구하려는 넓이는 다음과 같다.

$$\lim_{\varDelta\to 0}\sum_{k=1}^{n} f(x_k^*)(x_k-x_{k-1})$$

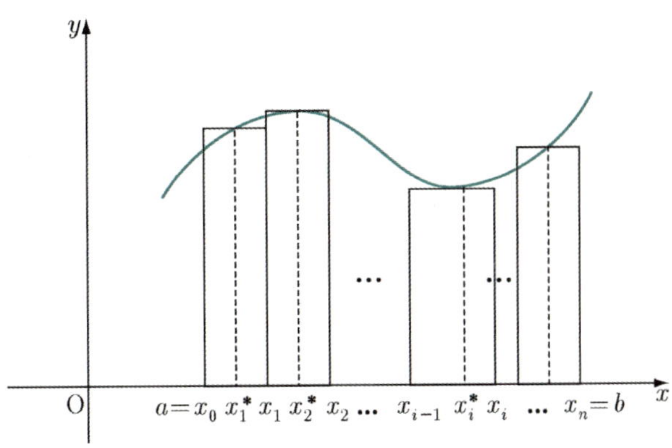

이제 넓이를 일반화하여 정적분을 정의해 보자.

닫힌 구간 $[a, b]$에서 연속인 함수 $f(x)$에 대하여 극한값 $\lim_{\Delta\to 0}\sum_{k=1}^{n} f(x_k^*)(x_k - x_{k-1})$이 존재하면, 함수 $f(x)$는 닫힌 구간 $[a, b]$에서 **적분가능**(integrable)하다고 하고, 그 극한값을

$$\int_a^b f(x)dx$$

로 나타낸다. 여기서 $\int_a^b f(x)dx$를 함수 $f(x)$의 a에서 b까지의 **정적분**(definite integral)이라 하고, a, b를 각각 아래끝, 위끝이라 한다.

정적분의 정의

함수 $f(x)$가 닫힌 구간 $[a, b]$에서 연속일 때,

$$\int_a^b f(x)dx = \lim_{\Delta\to 0}\sum_{k=1}^{n} f(x_k^*)(x_k - x_{k-1})$$

닫힌 구간 $[a, b]$을 n등분하면 $x_k - x_{k-1} = \frac{b-a}{n}$이므로 다음을 알 수 있다.

$$x_1 = a + \frac{b-a}{n},$$

$$x_2 = x_1 + \frac{b-a}{n} = a + \frac{2(b-a)}{n}$$

$$\vdots$$

$$x_n = a + \frac{n(b-a)}{n} = b$$

이제 x_k^*를 x_k로 택하면 $\Delta = \frac{b-a}{n}$이므로 $\Delta\to 0$은 $n\to\infty$와 같다. 따라서 함수 $f(x)$가 적분가능하면 정적분은 다음과 같이 구할 수 있다.

$$\int_a^b f(x)dx = \lim_{n\to\infty}\sum_{k=1}^{n} f(x_k)\frac{b-a}{n} = \lim_{n\to\infty}\frac{b-a}{n}\sum_{k=1}^{n} f\left(a + \frac{k(b-a)}{n}\right)$$

예제 1 다음 극한값을 정적분으로 나타내라.

$$L=\lim_{n\to\infty}\frac{1}{n}\left\{\left(\frac{1+n}{n}\right)^2+\left(\frac{2+n}{n}\right)^2+\cdots+\left(\frac{n+n}{n}\right)^2\right\}$$

풀이
$$\begin{aligned}L&=\lim_{n\to\infty}\frac{1}{n}\left\{\left(1+\frac{1}{n}\right)^2+\left(1+\frac{2}{n}\right)^2+\cdots+\left(1+\frac{n}{n}\right)^2\right\}\\&=\lim_{n\to\infty}\frac{1}{n}\sum_{k=1}^{n}\left(1+\frac{k}{n}\right)^2\\&=\lim_{n\to\infty}\sum_{k=1}^{n}\left\{1+\left(0+\frac{k(1-0)}{n}\right)\right\}^2\frac{1-0}{n}\\&=\int_0^1(1+x)^2dx\end{aligned}$$ ■

예제 2 정적분의 정의에 의하여 다음 정적분을 구하라.

$$I=\int_0^2 x^2dx$$

풀이 I는 함수 $f(x)=x^2$의 $a=0$에서 $b=2$까지의 정적분이다. 닫힌 구간 $[0,2]$를 n등분하면 다음을 얻는다.

$$\begin{aligned}\int_0^2 x^2dx&=\lim_{n\to\infty}\frac{2-0}{n}\sum_{k=1}^{n}f\left(0+\frac{k}{n}(2-0)\right)\\&=\lim_{n\to\infty}\frac{2}{n}\sum_{k=1}^{n}f\left(\frac{2k}{n}\right)\\&=\lim_{n\to\infty}\frac{2}{n}\left\{\left(\frac{2\cdot1}{n}\right)^2+\left(\frac{2\cdot2}{n}\right)^2+\cdots+\left(\frac{2\cdot n}{n}\right)^2\right\}\\&=\lim_{n\to\infty}\frac{8}{n^3}(1^2+2^2+\cdots+n^2)\\&=\lim_{n\to\infty}\left(\frac{8}{n^3}\cdot\frac{n(n+1)(2n+1)}{6}\right)=\frac{8}{3}\end{aligned}$$ ■

다음은 정적분의 정의로부터 쉽게 얻을 수 있는 정적분에 관한 기본 성질이다.

정리 4.1 정적분의 성질

적분가능한 두 함수 $f(x)$, $g(x)$와 상수 c에 대하여
$cf(x)$와 $f(x) \pm g(x)$도 적분가능하고, 다음이 성립한다.

① $\int_a^a f(x)dx = 0$

② $\int_a^b c\,dx = c(b-a)$

③ $\int_a^b f(x)dx = -\int_b^a f(x)dx$

④ $\int_a^b cf(x)dx = c\int_a^b f(x)dx$

⑤ $\int_a^b \{f(x) \pm g(x)\}dx = \int_a^b f(x)dx \pm \int_a^b g(x)dx$ (단, 복부호동순)

보기

$\int_0^1 f(x)dx = 2$, $\int_0^1 g(x)dx = -3$일 때, 다음이 성립한다.

$$\int_0^1 (f(x)+5)dx = \int_0^1 f(x)dx + \int_0^1 5dx = 2 + 5 \times 1 = 7,$$

$$\begin{aligned}\int_0^1 (3f(x)-2g(x))dx &= 3\int_0^1 f(x)dx - 2\int_0^1 g(x)dx \\ &= 3 \cdot 2 - 2 \cdot (-3) = 12\end{aligned}$$

예제 3 다음 값을 이용하여 정적분 $\int_{-1}^2 (x^2-2x-2)dx$를 구하라.

$$\int_{-1}^2 x^2 dx = 3, \qquad \int_{-1}^2 x\,dx = \frac{3}{2}$$

풀이
$$\begin{aligned}\int_{-1}^2 (x^2-2x-2)dx &= \int_{-1}^2 x^2 dx - 2\int_{-1}^2 x\,dx - 2\int_{-1}^2 dx \\ &= 3 - 2 \cdot \frac{3}{2} - 2 \cdot 3 = -6\end{aligned}$$

■

연습문제 4.2

1. 닫힌 구간 $[1,\ 5]$를 4등분하고, 닫힌 구간 $[1,\ 5]$에서 함수 $f(x)=-3x$와 주어진 x_k^*에 대하여 $A=\sum_{k=1}^{4} f(x_k^*)(x_k - x_{k-1})$를 구하라.

(1) $x_k^* = x_{k-1}$ (2) $x_k^* = x_k$ (3) $x_k^* = \dfrac{x_{k-1}+x_k}{2}$

2. 다음 극한값을 정적분으로 나타내라.

(1) $\lim_{n\to\infty}\sum_{k=1}^{n} \dfrac{k^2}{n^3}$ (2) $\lim_{n\to\infty}\sum_{k=1}^{n} \left(1+\dfrac{2k}{n}\right)^3 \dfrac{1}{n}$

3. 정적분의 정의에 의하여 다음 정적분을 구하라.

(1) $\int_0^3 x\,dx$ (2) $\int_{-1}^{1} x^2\,dx$

4. 함수 $f(x)=x^3-6x$에 대하여 물음에 답하라.

(1) 닫힌 구간 $[0,\ 3]$을 6등분하고 x_k^*를 x_k로 택하여 $\sum_{k=1}^{6} f(x_k^*)\Delta x_k$를 계산하라.

(2) 정적분의 정의에 의하여, 정적분 $\int_0^3 (x^3-6x)\,dx$를 구하라.

5. $\int_2^6 f(x)\,dx = 10,\ \int_2^6 g(x)\,dx = -2$일 때, 다음을 구하라.

(1) $\int_2^6 (f(x)+g(x))\,dx$ (2) $\int_2^6 (3f(x)-2g(x))\,dx$

4.3 미적분학의 기본정리

정의에 따라 정적분 $\int_a^b f(x)dx$를 계산하기 위하여 극한값을 구하는 것은 매우 지루할 뿐만 아니라, 함수가 복잡하면 불가능할 수도 있다. 여기서는 극한값을 구하지 않고 정적분을 계산하는 방법을 소개한다.

정적분 $\int_a^b f(x)dx$를 쉽게 구하는 방법은 부정적분과 정적분과의 관계로부터 유도된다. 먼저 정적분과 미분의 관계를 알아보자.

정리 4.2 정적분과 미분의 관계

함수 $f(x)$가 닫힌 구간 $[a, b]$에서 연속이면 $a \le x \le b$인 모든 x에 대하여 다음이 성립한다.

$$\frac{d}{dx}\int_a^x f(t)dt = f(x)$$

증명 함수 $y = f(x)$가 닫힌 구간 $[a, b]$에서 연속이고 $f(x) \ge 0$이라 하자.

그림의 (1)과 같이 닫힌 구간 $[a, x]$에서 곡선 $y = f(x)$와 x축 사이의 도형의 넓이를 $S(x)$라 하면 $S(x) = \int_a^x f(t)dt$이다.

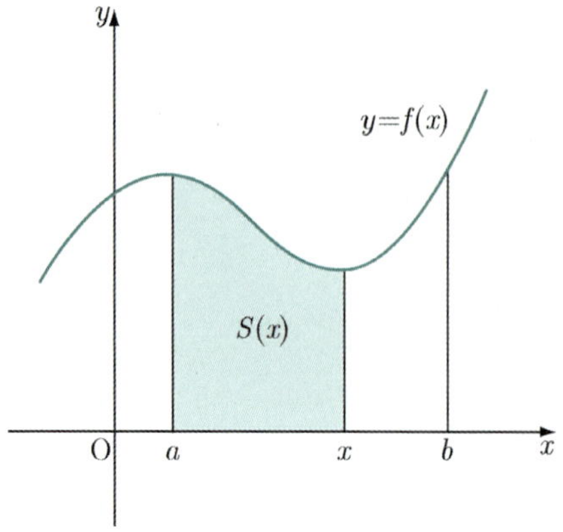

(1)

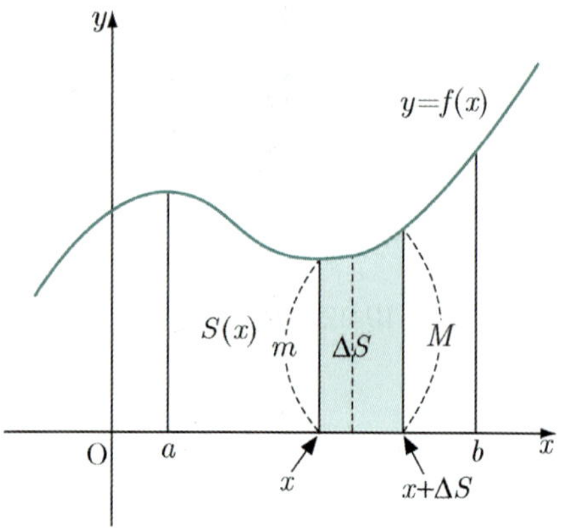

(2)

이때 x가 변하면 $S(x)$도 변하므로 $S(x)$는 x의 함수임을 알 수 있다. 따라서 그림의 (2)와 같이 x가 $x+\Delta x$까지 변하면 $S(x)$는 $S(x+\Delta x)$까지 변한다.

x의 증분 $\Delta x>0$에 대한 $S(x)$의 증분을 ΔS라 하면 다음이 성립한다.

$$\Delta S = S(x+\Delta x) - S(x)$$

이제 닫힌 구간 $[x,\ x+\Delta x]$에서의 $f(x)$의 최댓값을 M, 최솟값을 m이라 하면

$$m\cdot\Delta x \le \Delta S \le M\cdot\Delta x,\ \text{즉}\quad m\le\frac{\Delta S}{\Delta x}\le M$$

이다. 그런데 $\Delta x\to 0$이면 $m\to f(x)$, $M\to f(x)$이므로 다음이 성립한다.

$$f(x)\le\lim_{\Delta x\to 0}\frac{\Delta S}{\Delta x}\le f(x),\ \text{즉}\quad \lim_{\Delta x\to 0}\frac{\Delta S}{\Delta x}=f(x)$$

도함수의 정의로부터

$$\lim_{\Delta x\to 0}\frac{\Delta S}{\Delta x}=\lim_{\Delta x\to 0}\frac{S(x+\Delta x)-S(x)}{\Delta x}=S'(x)$$

이므로 $S'(x)=f(x)$이다. 따라서 다음이 성립한다.

$$\frac{d}{dx}\int_a^x f(t)dt=f(x)$$

$f(x)<0$인 경우도 같은 방법으로 증명할 수 있다. ■

참고 정적분 $\int_a^x f(t)dt$를 x에 대하여 미분하면 $f(x)$이므로, 부정적분의 정의로부터 $\int_a^x f(t)dt$는 $f(x)$의 부정적분 중의 하나임을 알 수 있다.

보기

정적분과 미분의 관계를 이용하여 다음 함수를 미분하면 모두 x^3이다. 따라서 다음 함수는 모두 함수 x^3의 부정적분이다.

$$\int_0^x t^3dt,\quad \int_1^x t^3dt,\quad \int_{-5}^x t^3dt,\quad \frac{x^4}{4}+C$$

예제 1 다음 함수를 x에 대하여 미분하라.

(1) $G_1(x) = \int_0^x (2t+3)dt$ (2) $G_2(x) = \int_3^x (t^3 - 2t^2 + t - 7)dt$

풀이 (1) $G_1{}'(x) = 2x+3$

(2) $G_2{}'(x) = x^3 - 2x^2 + x - 7$ ■

합성함수 미분법에 의하여 다음을 얻을 수 있다.

정적분과 미분의 관계

$$\frac{d}{dx}\int_{h(x)}^{g(x)} f(t)\,dt = f(g(x))g'(x) - f(h(x))h'(x)$$

예제 2 다음 함수를 x에 대하여 미분하라.

(1) $G(x) = \int_0^{x^2} (3t-1)\,dt$ (2) $G(x) = \int_x^{x^3} \sqrt{1+t^4}\,dt$

풀이 (1) $G'(x) = (3x^2-1)(x^2)' = (3x^2-1)\cdot 2x = 6x^3 - 2x$

(2) $G'(x) = \sqrt{1+x^{12}}\cdot(x^3)' - \sqrt{1+x^4}\cdot(x)'$

$= 3x^2\sqrt{1+x^{12}} - \sqrt{1+x^4}$ ■

미적분학의 기본정리로 알려진 다음 정리는 부정적분을 이용하여 정적분을 쉽게 계산하는 방법을 알려준다.

정리 4.3 미적분학의 기본정리

함수 $f(x)$가 닫힌 구간 $[a,\ b]$에서 연속이고 $f(x)$의 한 부정적분이 $F(x)$이면, 다음이 성립한다.

$$\int_a^b f(x)dx = F(b) - F(a)$$

참고 $F(b)-F(a)$를 간단히 $[F(x)]_a^b$로 나타낸다. $\int_a^b f(x)dx=[F(x)]_a^b$이다.

증명 함수 $F(x)$가 $f(x)$의 한 부정적분이고, 함수

$$G(x)=\int_a^x f(t)dt$$

도 $f(x)$의 한 부정적분이므로 $F(x)=G(x)+C$ (단, C는 상수)이다. 그런데

$$G(a)=\int_a^a f(t)dt=0$$

이므로 $F(a)=G(a)+C=C$ 이고, $F(x)=G(x)+F(a)$이다.

또한

$$G(b)=\int_a^b f(t)dt=\int_a^b f(x)dx$$

이고, $G(b)=F(b)-F(a)$이므로 다음이 성립한다.

$$\int_a^b f(x)dx=F(b)-F(a)$$ ■

보기

함수 $f(x)=x^2$의 한 부정적분이

$$F(x)=\int x^2dx=\frac{x^3}{3}$$

이므로 미적분학의 기본정리에 의하여 정적분 $\int_0^2 x^2dx$는 다음과 같다.

$$\int_0^2 x^2dx=\left[\frac{x^3}{3}\right]_0^2=\frac{2^3}{3}-\frac{0^3}{3}=\frac{8}{3}$$

예제 3 정적분 $\int_0^1(2x^5-3x^2+4)dx$를 구하라.

풀이 $\int_0^1(2x^5-3x^2+4)dx=\left[\frac{x^6}{3}-x^3+4x\right]_0^1=\left(\frac{1}{3}-1+4\right)-0=\frac{10}{3}$ ■

이제 삼각함수와 지수함수의 부정적분 공식과 미적분학의 기본정리를 이용하여 여러 가지 함수의 정적분을 구해 보자.

보기

(1) $\int_0^{\frac{\pi}{2}} \sin x\, dx = [-\cos x]_0^{\frac{\pi}{2}} = \left(-\cos\frac{\pi}{2}\right) - (-\cos 0) = 0 - (-1) = 1$

(2) $\int_0^1 3^x\, dx = \left[\frac{3^x}{\ln 3}\right]_0^1 = \frac{1}{\ln 3}(3^1 - 3^0) = \frac{2}{\ln 3}$

예제 4 다음 삼각함수의 정적분을 구하라.

(1) $\int_0^{\frac{\pi}{2}} \sin^2\frac{x}{2}\, dx$　　(2) $\int_0^{\frac{\pi}{4}} \tan^2 x\, dx$

(3) $\int_0^1 (e^x - ex)dx$　　(4) $\int_1^2 (x + 2^x)\, dx$

풀이 (1) $\int_0^{\frac{\pi}{2}} \sin^2\frac{x}{2}\, dx = \int_0^{\frac{\pi}{2}} \frac{1-\cos x}{2}\, dx$

$= \left[\frac{1}{2}x - \frac{1}{2}\sin x\right]_0^{\frac{\pi}{2}} = \frac{\pi}{4} - \frac{1}{2}$

(2) $\int_0^{\frac{\pi}{4}} \tan^2 x\, dx = \int_0^{\frac{\pi}{4}} (\sec^2 x - 1)dx$

$= [\tan x - x]_0^{\frac{\pi}{4}} = \tan\frac{\pi}{4} - \frac{\pi}{4} = 1 - \frac{\pi}{4}$

(3) $\int_0^1 (e^x - ex)dx = \left[e^x - \frac{e}{2}x^2\right]_0^1$

$= \left(e - \frac{e}{2}\right) - (e^0 - 0) = \frac{e}{2} - 1$

(4) $\int_1^2 (x + 2^x)\, dx = \left[\frac{x^2}{2} + \frac{2^x}{\ln 2}\right]_1^2$

$= \left(2 + \frac{4}{\ln 2}\right) - \left(\frac{1}{2} + \frac{2}{\ln 2}\right) = \frac{3}{2} + \frac{2}{\ln 2}$ ■

예제 5 다음 함수의 정적분을 구하라.

(1) $\int_0^2 \frac{2x}{x^2-5}\,dx$ (2) $\int_{-\frac{\pi}{2}}^{\frac{\pi}{2}} \frac{4\cos\theta}{3+2\sin\theta}d\theta$

풀이 (1) $\int_0^2 \frac{2x}{x^2-5}\,dx = \int_0^2 \frac{(x^2-5)'}{x^2-5}\,dx$

$$= \left[\ln|x^2-5\,|\right]_0^2$$

$$= \ln|-1|-\ln|-5| = 0-\ln 5 =-\ln 5$$

(2) $\int_{-\frac{\pi}{2}}^{\frac{\pi}{2}} \frac{4\cos\theta}{3+2\sin\theta}d\theta = 2\int_{-\frac{\pi}{2}}^{\frac{\pi}{2}} \frac{2\cos\theta}{3+2\sin\theta}d\theta$

$$= 2\int_{-\frac{\pi}{2}}^{\frac{\pi}{2}} \frac{(3+2\sin\theta)'}{3+2\sin\theta}d\theta$$

$$= 2\left[\ln|3+2\sin\theta\,|\right]_{-\frac{\pi}{2}}^{\frac{\pi}{2}}$$

$$= 2\{\ln(3+2)-\ln 1\}= 2\ln 5$$

■

연습문제 4.3

1. 다음 함수를 x에 대하여 미분하라.

(1) $\int_0^x (t-5)dt$ (2) $\int_{-1}^x (t^3-t^2+3t+1)dt$

(3) $\int_{2015}^x (t^2-5t+3)dt$ (4) $\int_x^0 (t^2+7)dt$

(5) $\int_{3x}^{x^2} \sqrt{2t+3}\,dt$ (6) $\int_{2x+1}^{x^2+3} t^2dt$

2. 다음 정적분을 구하라.

(1) $\int_0^1 x^5dx$ (2) $\int_1^3 (x^2+4x-3)dx$

(3) $\int_1^8 x^{-\frac{1}{3}}dx$ (4) $\int_0^{\pi/2} (e^{2x}-\cos x)\,dx$

3. 함수 $f(x)$가 연속이고 함수 $g(x)$가 미분가능할 때, 다음 등식이 성립함을 증명하라.

$$\frac{d}{dx}\int_a^{g(x)} f(t)dt = g'(x)f(g(x))$$

4. 다항함수 $y=f(x)$의 그래프가 오른쪽 그림과 같을 때, 함수 $g(x)=\int_0^x f(t)dt$에 대하여 물음에 답하라.

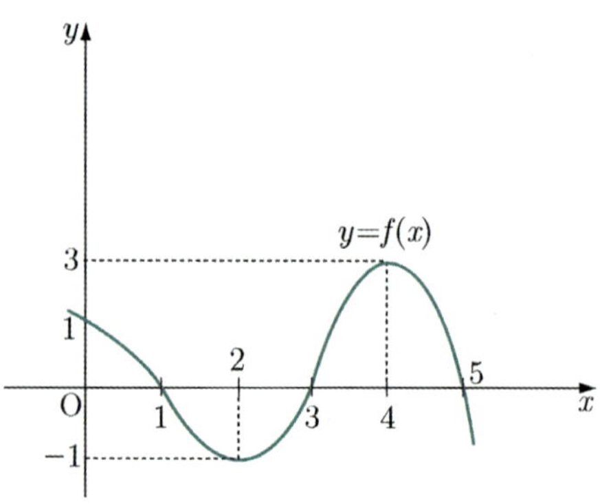

(1) 함수 $g(x)$가 극댓값 또는 극솟값을 갖는 x의 값을 모두 구하라.

(2) 함수 $g(x)$가 최댓값을 갖는 x의 값을 구하라.

(3) 곡선 $y=g(x)$가 아래로 볼록한 구간을 구하라.

4.4 정적분의 여러 가지 성질

함수 $f(x) \geq 0$ 이 닫힌 구간 $[a,\ b]$에서 연속일 때, 정적분 $\int_a^b f(x)dx$는 곡선 $y=f(x)$와 x축 및 두 직선 $x=a$, $x=b$로 둘러싸인 영역의 넓이로 정의했다. 따라서 $f(x) \geq 0$이고 $a<c<b$인 경우, 다음이 성립함을 알 수 있다.

$$\int_a^b f(x)dx = \int_a^c f(x)dx + \int_c^b f(x)dx$$

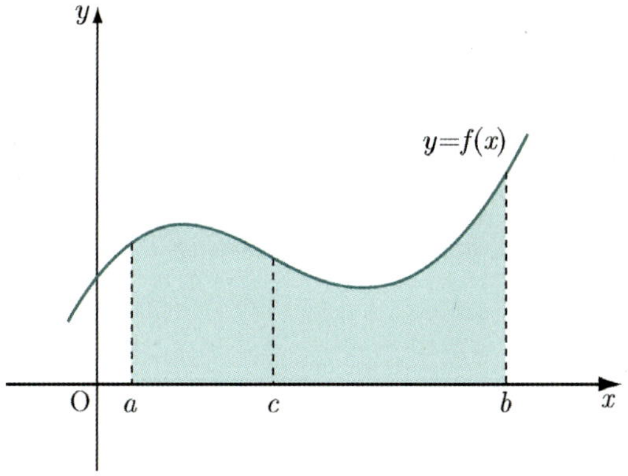

일반적으로 세 수 a, b, c의 대소 관계 또는 $f(x)$의 부호와 관계없이 다음이 성립한다.

> **정적분의 성질**
>
> 함수 $f(x)$가 상수 a, b, c를 포함하는 구간에서 적분가능하면, 다음이 성립한다.
>
> $$\int_a^b f(x)dx = \int_a^c f(x)dx + \int_c^b f(x)dx$$

보기

(1) $\int_0^2 x^3dx = \int_0^1 x^3dx + \int_1^2 x^3dx$, $\int_0^2 x^3dx = \int_0^3 x^3dx + \int_3^2 x^3dx$

(2) $\int_{-1}^{0}(x^2+x)dx+\int_{0}^{1}(x^2+x)dx=\int_{-1}^{1}(x^2+x)dx$

$$=\left[\frac{x^3}{3}+\frac{x^2}{2}\right]_{-1}^{1}=\left(\frac{1}{3}+\frac{1}{2}\right)-\left(-\frac{1}{3}+\frac{1}{2}\right)=\frac{2}{3}$$

(3) $\int_{0}^{3}|x-2|\,dx=\int_{0}^{2}(-x+2)dx+\int_{2}^{3}(x-2)dx$

$$=\left[-\frac{x^2}{2}+2x\right]_{0}^{2}+\left[\frac{x^2}{2}-2x\right]_{2}^{3}$$

$$=(-2+4)-0+\left(\frac{9}{2}-6\right)-(2-4)=\frac{5}{2}$$

예제 1 $\int_{0}^{10}f(x)dx=17$, $\int_{0}^{8}f(x)dx=12$일 때, $\int_{8}^{10}f(x)dx$를 구하라.

풀이 정적분의 성질에 의하여

$$\int_{0}^{8}f(x)dx+\int_{8}^{10}f(x)dx=\int_{0}^{10}f(x)dx$$

이므로 다음을 얻는다.

$$\int_{8}^{10}f(x)dx=\int_{0}^{10}f(x)dx-\int_{0}^{8}f(x)dx=17-12=5$$ ■

예제 2 함수 $f(x)=\begin{cases}2x, & 0\le x<1\\ 2, & 1\le x<2\\ -2x+6, & 2\le x\le 3\end{cases}$ 에 대하여 $g(x)=\int_{0}^{x}f(t)dt$ 일 때,

$g(0)$, $g(1)$, $g(2)$, $g(3)$의 값을 각각 구하라.

풀이 $g(0)=\int_{0}^{0}f(t)dt=0$

$$g(1)=\int_{0}^{1}f(t)dt=\int_{0}^{1}2t\,dt=1$$

$$g(2)=\int_{0}^{2}f(t)\,dt=\int_{0}^{1}2t\,dt+\int_{1}^{2}2\,dt=g(1)+\int_{1}^{2}2\,dt=3$$

$$g(3)=\int_{0}^{3}f(t)dt=\int_{0}^{2}f(t)dt+\int_{2}^{3}(-2t+6)\,dt$$

$$=g(2)+\int_{2}^{3}(-2t+6)dt=4$$ ■

이제 함수의 대소 관계와 정적분의 대소 관계를 비교해 보자.

닫힌 구간 $[a, b]$에서 두 함수 $f(x)$, $g(x)$가 연속일 때, $f(x) \geq 0$이면 정적분의 정의에 의하여 $\int_a^b f(x)dx \geq 0$임을 알 수 있다. 따라서

$$f(x)-g(x) \geq 0 \text{ 이면 } \int_a^b \{f(x)-g(x)\}dx \geq 0,$$

즉 $\int_a^b f(x)dx \geq \int_a^b g(x)dx$가 성립한다.

한편 $m \leq f(x) \leq M$이면

$$\int_a^b mdx \leq \int_a^b f(x)dx \leq \int_a^b Mdx$$

이고, $\int_a^b mdx = m(b-a)$, $\int_a^b Mdx = M(b-a)$이므로 다음이 성립한다.

$$m(b-a) \leq \int_a^b f(x)dx \leq M(b-a)$$

정적분의 대소관계

닫힌 구간 $[a, b]$에서 두 함수 $f(x)$, $g(x)$가 연속일 때,

① $f(x) \geq 0$ 이면 $\int_a^b f(x)dx \geq 0$

② $f(x) \geq g(x)$ 이면 $\int_a^b f(x)dx \geq \int_a^b g(x)dx$

③ $m \leq f(x) \leq M$ 이면 $m(b-a) \leq \int_a^b f(x)dx \leq M(b-a)$

보기

닫힌 구간 $[0, 1]$에서 $0 \leq x^2 \leq x$이므로 다음이 성립한다.

$$\int_0^1 0dx \leq \int_0^1 x^2dx \leq \int_0^1 xdx,$$

즉, $0 \leq \int_0^1 x^2dx \leq \frac{1}{2}$

예제 3 다음 부등식이 성립함을 보여라.

$$1 \leq \int_0^1 \sqrt{1+x^3}\,dx \leq \frac{5}{4}$$

풀이 $x \geq 0$일 때, $1+x^3 > 1$이므로 $\sqrt{1+x^3} \leq 1+x^3$이다.

따라서 부등식 $1 \leq \sqrt{1+x^3} \leq 1+x^3$과 정적분의 대소관계에 의하여

$$\int_0^1 1dx \leq \int_0^1 \sqrt{1+x^3}\,dx \leq \int_0^1 (1+x^3)dx$$

이다. 그런데 $\int_0^1 1dx = 1$, $\int_0^1 (1+x^3)dx = \frac{5}{4}$이므로 다음이 성립한다.

$$1 \leq \int_0^1 \sqrt{1+x^3}\,dx \leq \frac{5}{4}$$

■

다음은 적분에 관한 평균값 정리이다.

정리 4.4 적분에 관한 평균값 정리

함수 $f(x)$가 닫힌 구간 $[a,b]$에서 연속이면

$$\int_a^b f(x)dx = (b-a)f(c)$$

인 c가 열린 구간 $(a,\ b)$에 적어도 하나 존재한다.

증명 함수 $f(x)$는 닫힌 구간 $[a,\ b]$에서 연속이므로 연속함수에 대한 최대・최소값 정리에 의하여 이 구간에서 $f(x)$의 최솟값 m과 최댓값 M이 존재한다. 즉, 닫힌 구간 $[a,\ b]$에서 $m \leq f(x) \leq M$이고, 다음이 성립한다.

$$m(b-a) \leq \int_a^b f(x)dx \leq M(b-a),\ \text{즉}\ m \leq \frac{\int_a^b f(x)dx}{b-a} \leq M$$

한편 함수 $f(x)$는 닫힌 구간 $[a,\ b]$에서 연속이므로 중간값의 정리에 의하여

$$f(c) = \frac{\int_a^b f(x)dx}{b-a}$$

인 c가 개구간 $(a,\ b)$에 적어도 하나 존재한다. ■

실제로 $f(x) > 0$이면 정적분 $\int_a^b f(x)dx$는 곡선 $y = f(x)$와 x축, 및 두 직선 $x = a,\ \ x = b$로 둘러싸인 영역의 넓이를 나타내므로, 적분에 관한 평균값의 정리는 열린 구간 $(a,\ b)$에 c가 존재해서 밑변이 $[a,\ b]$이고 높이가 $f(c)$인 직사각형의 넓이가 이 넓이와 같음을 의미한다.

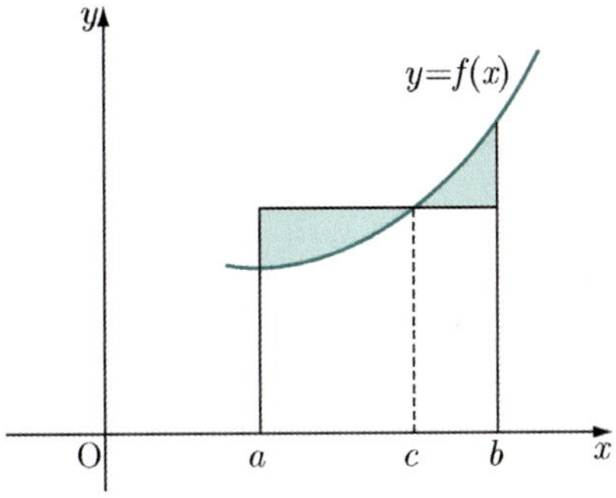

보기

$\frac{1}{4-1}\int_1^4 (3x^2 - 2x)\,dx = \frac{1}{3}[x^3 - x^2]_1^4 = \frac{48}{3} = 16$이다. 이때

$$f(c) = 3c^2 - 2c = 16,\ (3c-8)(c+2) = 0,\ c = \frac{8}{3}$$

이므로 $\frac{1}{4-1}\int_1^4 (3x^2 - 2x)\,dx = f(c)$인 c가 열린 구간 $(1, 4)$에 존재함을 알 수 있다.

예제 4 $f(x)=x^2$일 때, $\frac{1}{4}\int_{-1}^{3} f(x)dx = f(c)$를 만족시키는 $c \in (-1, 3)$을 모두 구하라.

풀이 $\frac{1}{4}\int_{-1}^{3} x^2 dx = \frac{7}{3}$ 이고 $f(c)=c^2$이므로, $c=\pm\sqrt{\frac{7}{3}}$ 이다.

그런데 $c \in (-1,3)$이므로 구하려는 c의 값은 $c=\sqrt{\frac{7}{3}}$ 뿐이다. ■

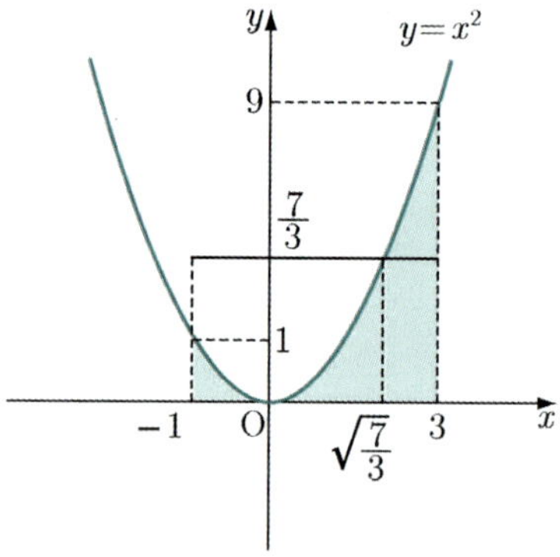

정적분의 성질에 의하여

$$\int_{-a}^{a} f(x)dx = \int_{-a}^{0} f(x)dx + \int_{0}^{a} f(x)dx = -\int_{0}^{-a} f(x)dx + \int_{0}^{a} f(x)dx$$

가 성립하므로 대칭성을 갖는 함수들에 대하여 다음 성질을 얻을 수 있다.

정리 4.5 우함수와 기함수의 정적분

함수 $f(x)$가 닫힌 구간 $[-a, a]$일 때,

① $f(x)$가 우함수 (즉, $f(-x)=f(x)$)이면 $\int_{-a}^{a} f(x)dx = 2\int_{0}^{a} f(x)dx$

② $f(x)$가 기함수 (즉, $f(-x)=-f(x)$)이면 $\int_{-a}^{a} f(x)dx = 0$

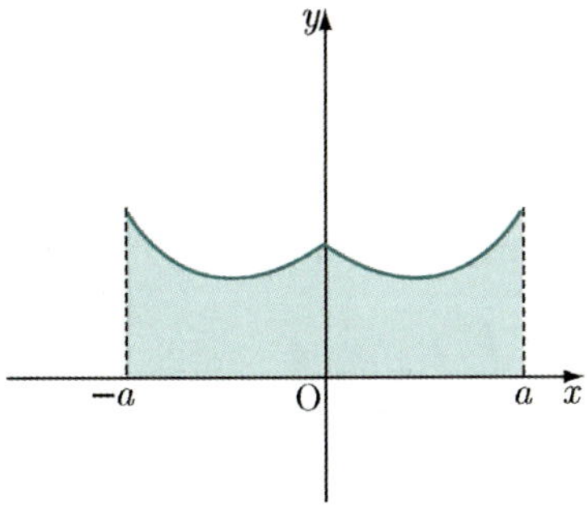

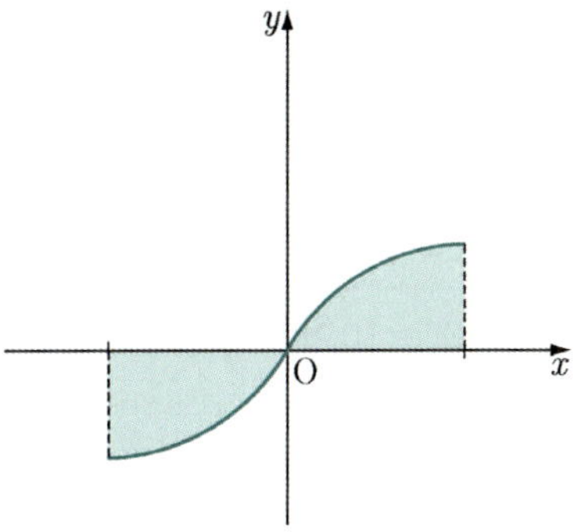

우함수 : $\int_{-a}^{a} f(x)dx = 2\int_{0}^{a} f(x)dx$

기함수 : $\int_{-a}^{a} f(x)dx = 0$

보기

함수 $f(x) = x^4 + x^2 + 1$은 $f(-x) = f(x)$를 만족시키므로 우함수이다.

따라서 다음을 얻는다.

$$\begin{aligned}\int_{-2}^{2}(x^4 + x^2 + 1)dx &= 2\int_{0}^{2}(x^4 + x^2 + 1)dx \\ &= 2\left[\frac{x^5}{5} + \frac{x^3}{3} + x\right]_0^2 \\ &= \frac{332}{15}\end{aligned}$$

예제 5 정적분 $\int_{-2}^{2}\frac{x^3 + x}{x^4 + x^2 + 1}dx$를 구하라.

풀이 $f(x) = \dfrac{x^3 + x}{x^4 + x^2 + 1}$는 $f(-x) = -f(x)$를 만족시키므로 기함수이다.

따라서 다음을 얻는다.

$$\int_{-2}^{2}\frac{x^3 + x}{x^4 + x^2 + 1}dx = 0$$

■

연습문제 4.4

1. $\int_1^5 f(x)dx = 10$이고 $\int_4^5 f(x)dx = 3$일 때, 정적분 $\int_1^4 f(x)dx$를 구하라.

2. $\int_0^9 f(x)dx = 37$이고 $\int_0^9 g(x)dx = 16$일 때, 정적분 $\int_0^9 [2f(x) - 3g(x)]dx$를 구하라.

3. 다음을 하나의 정적분으로 나타내라.

$$\int_{-2}^{2} f(x)dx + \int_{2}^{5} f(x)dx - \int_{-2}^{-1} f(x)dx$$

4. 함수 $f(x) = \begin{cases} 3, & x < 3 \\ x, & x \geq 3 \end{cases}$에 대하여 정적분 $\int_0^5 f(x)dx$를 구하라.

5. 다음 정적분을 구하라.

(1) $\int_0^{\pi} |\cos x|\, dx$ (2) $\int_0^{\pi/2} \frac{\cos x}{5 + 2\sin x} dx$

6. 부등식 $1 \leq \int_0^1 \sqrt{1 + x^4}\, dx \leq \frac{6}{5}$이 성립함을 보여라.

7. 다음 함수와 주어진 닫힌 구간 $[a, b]$에 대하여 $\int_a^b f(x)dx = f(c)(b - a)$를 만족시키는 $c \in (a,\ b)$의 값을 모두 구하라.

(1) $f(x) = 4x^3, \quad [1,3]$ (2) $f(x) = 2 + |x|, \quad [-1,3]$

8. 다음 부등식이 성립함을 보여라.

(1) $\int_1^2 \sqrt{x+1}\, dx \leq \int_1^2 \sqrt{5 - x}\, dx$ (2) $1 \leq \int_0^1 \sqrt{1 + x^2}\, dx \leq \sqrt{2}$

제 5 장

정적분과 넓이 및 부피

정적분의 개념은 곡선으로 둘러싸인 평면 도형의 넓이를 구하는 것으로부터 얻어졌다. 곡선으로 둘러싸인 도형의 넓이를 구하는 것은 일반적으로 쉽지 않다. 정적분은 길이, 넓이, 부피뿐 아니라, 속도와 거리, 일의 양, 확률과 통계 등의 계산에서도 필수적인 수학적 도구이다.

이 장에서는 정적분을 활용하여 평면도형의 넓이, 입체도형의 부피, 곡선의 길이, 회전체의 겉넓이를 구하는 방법을 배운다. 또한 운동하는 물체의 속도와 거리, 그리고 실제로 움직인 거리를 구한다.

5.1 정적분과 넓이

함수 $y = f(x)$가 닫힌 구간 $[a, b]$에서 연속일 때, 곡선 $y = f(x)$와 x축 및 두 직선 $x = a$, $x = b$로 둘러싸인 영역의 넓이 A는 다음과 같다.

$$A = \int_a^b |f(x)|\, dx$$

보기

(1) 곡선 $y = x^2 - 2x$ 와 x축으로 둘러싸인 영역의 넓이 A는 다음과 같다.

$$\begin{aligned} A &= \int_0^2 |x^2 - 2x|\, dx \\ &= \int_0^2 (-x^2 + 2x)\, dx \\ &= \left[-\frac{x^3}{3} + x^2 \right]_0^2 = \frac{4}{3} \end{aligned}$$

(2) 닫힌 구간 $[0, 2\pi]$에서 곡선 $f(x) = \sin x$와 x축으로 둘러싸인 영역의 넓이 A는 다음과 같다.

$$\begin{aligned} A &= \int_0^{2\pi} |\sin x|\, dx \\ &= \int_0^{\pi} \sin x\, dx + \int_{\pi}^{2\pi} (-\sin x)\, dx \\ &= [-\cos x]_0^{\pi} + [\cos x]_{\pi}^{2\pi} \\ &= 2 + 2 = 4 \end{aligned}$$

함수 $x = g(y)$가 닫힌 구간 $[c, d]$에서 연속일 때, 곡선 $x = g(y)$와 y축 및 두 직선 $y = c$, $y = d$로 둘러싸인 영역의 넓이 A는 다음과 같다.

$$A = \int_c^d |g(y)|\, dy$$

보기

곡선 $y = \sqrt{x}$ 와 y축 및 두 직선 $y = 1$, $y = 3$ 으로 둘러싸인 영역의 넓이를 A라 하면, $y = \sqrt{x}$ 에서 $x = y^2$ 이므로 A는 다음과 같다.

$$A = \int_1^3 y^2\,dy = \left[\frac{y^3}{3}\right]_1^3 = \frac{26}{3}$$

예제 1 (1) 곡선 $f(x) = x^2 - 2x - 3$과 x축 및 두 직선 $x = 0$, $x = 4$로 둘러싸인 영역의 넓이 A를 구하라.

(2) 곡선 $y = \sqrt{x-1}$ 과 y축 및 두 직선 $y = 0$, $y = 2$로 둘러싸인 영역의 넓이 A를 구하라.

풀이 (1) $f(x) = x^2 - 2x - 3$
$= (x+1)(x-3)$

이므로 넓이 구하는 A는

$$A = \int_0^4 |x^2 - 2x - 3|\,dx$$
$$= \int_0^3 -(x^2 - 2x - 3)\,dx + \int_3^4 (x^2 - 2x - 3)\,dx$$
$$= 9 + \frac{7}{3} = \frac{34}{3}$$

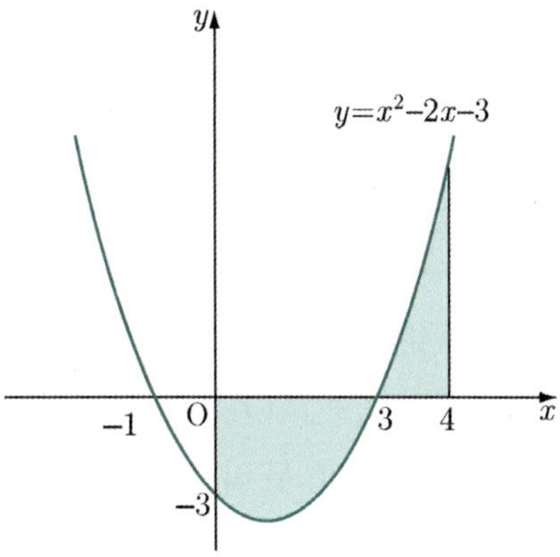

(2) $y = \sqrt{x-1}$ 에서 $x = y^2 + 1$ 이므로 구하려는 넓이 A는 다음과 같다.

$$A = \int_0^2 (y^2+1)\,dy$$
$$= \left[\frac{y^3}{3} + y\right]_0^2$$
$$= \frac{14}{3}$$

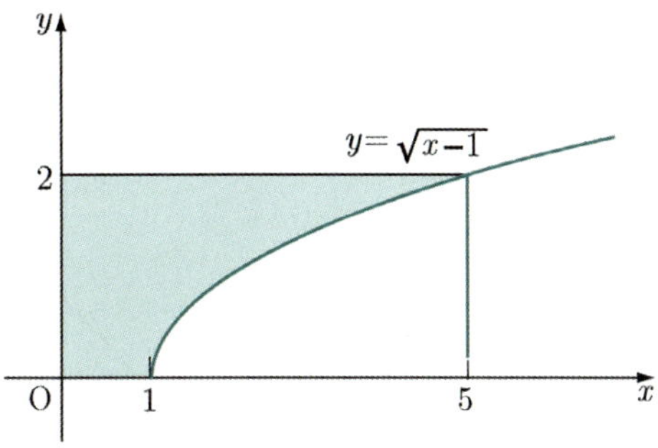

■

이제 두 함수 $y = f(x)$, $y = g(x)$가 닫힌 구간 $[a,\ b]$에서 연속이고 모든 $x \in [a,\ b]$에 대하여 $f(x) \geq g(x)$일 때, 두 곡선 $y = f(x)$, $y = g(x)$와 두 직선 $x = a$, $x = b$로 둘러싸인 영역의 넓이 A는 다음과 같다.

$$A = \int_a^b \{ f(x) - g(x) \}\, dx$$

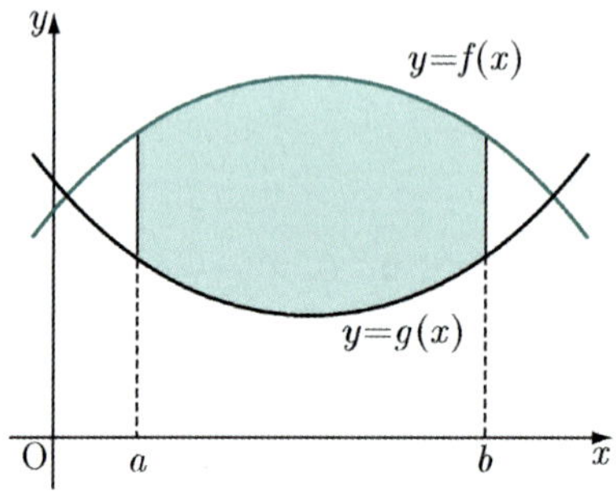

일반적으로 다음이 성립한다.

평면도형의 넓이

두 함수 $y = f(x)$, $y = g(x)$가 닫힌 구간 $[a,\ b]$에서 연속일 때, 두 곡선 $y = f(x)$, $y = g(x)$ 및 두 직선 $x = a$, $x = b$로 둘러싸인 영역의 넓이 A는 다음과 같다.

$$A = \int_a^b | f(x) - g(x) |\, dx$$

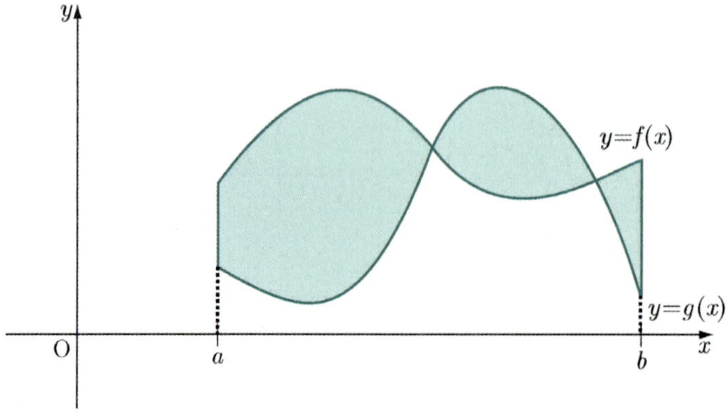

보기

닫힌 구간 $[0, 2]$ 에서 두 곡선 $f(x)= x^2$, $g(x)= x^3$ 으로 둘러싸인 영역의 넓이 A를 구해 보자.

$x^2 = x^3$에서 $x = 0, 1$이므로 두 곡선 $f(x)= x^2$, $g(x)= x^3$ 의 교점의 x좌표는 $x = 0, 1$이다. 그런데 닫힌 구간 $[0, 1]$ 에서 $x^3 \le x^2$ 이고 닫힌 구간 $[1, 2]$ 에서 $x^3 \ge x^2$ 이므로, 구하려는 넓이 A는 다음과 같다.

$$A = \int_0^2 |x^2 - x^3|\, dx = \int_0^1 (x^2 - x^3)\, dx + \int_1^2 -(x^2 - x^3)\, dx$$

$$= \left[\frac{1}{3}x^3 - \frac{1}{4}x^4 \right]_0^1 - \left[\frac{1}{3}x^3 - \frac{1}{4}x^4 \right]_1^2$$

$$= \frac{1}{12} + \frac{17}{12} = \frac{3}{2}$$

예제 2 닫힌 구간 $[0, \pi]$ 에서 두 곡선 $f(x)= \sin x$, $g(x) = \cos x$로 둘러싸인 영역의 넓이 A를 구하라.

풀이 닫힌 구간 $[0, \pi]$ 에서 $\sin x = \cos x$ 이면 $x = \frac{\pi}{4}$ 이므로 두 곡선

$f(x)= \sin x$, $g(x) = \cos x$의 교점의 x좌표는 $x = \frac{\pi}{4}$ 이다.

그런데 닫힌 구간 $[0, \frac{\pi}{4}]$에서 $\sin x \le \cos x$이고 닫힌 구간 $\left[\frac{\pi}{4}, \pi\right]$에서 $\sin x \ge \cos x$ 이므로 구하려는 넓이 A 는 다음과 같다.

$$A = \int_0^{\pi} |\sin x - \cos x|\, dx$$

$$= \int_0^{\frac{\pi}{4}} -(\sin x - \cos x)\, dx + \int_{\frac{\pi}{4}}^{\pi} (\sin x - \cos x)\, dx$$

$$= [\cos x + \sin x]_0^{\pi/4} + [-\cos x - \sin x]_{\pi/4}^{\pi}$$

$$= \left(\frac{\sqrt{2}}{2} + \frac{\sqrt{2}}{2} - 1 \right) + \left(1 + \frac{\sqrt{2}}{2} + \frac{\sqrt{2}}{2} \right)$$

$$= 2\sqrt{2}$$

■

또한 두 함수 $x = f(y)$, $x = g(y)$가 닫힌 구간 $[c,\ d]$에서 연속일 때, 두 곡선 $x = f(y)$, $x = g(y)$ 및 두 직선 $y = c$, $y = d$ 로 둘러싸인 영역의 넓이 A는 다음과 같다.

$$A = \int_c^d |f(y) - g(y)|\, dy$$

예제 3 곡선 $f(x) = \sqrt{x}$, 직선 $g(x) = x - 2$와 x축으로 둘러싸인 영역의 넓이 A를 구하라.

풀이 1 곡선 $f(x) = \sqrt{x}$와 직선 $g(x) = x - 2$의 교점의 좌표를 구해보자.

$\sqrt{x} = x - 2,\ x = x^2 - 4x + 4,\ x^2 - 5x + 4 = (x-1)(x-4) = 0$

에서 $x = 1$ 또는 $x = 4$이므로 교점의 좌표는 $(4,\ 2)$이다.

따라서 구하려는 영역의 넓이 A는 다음과 같다.

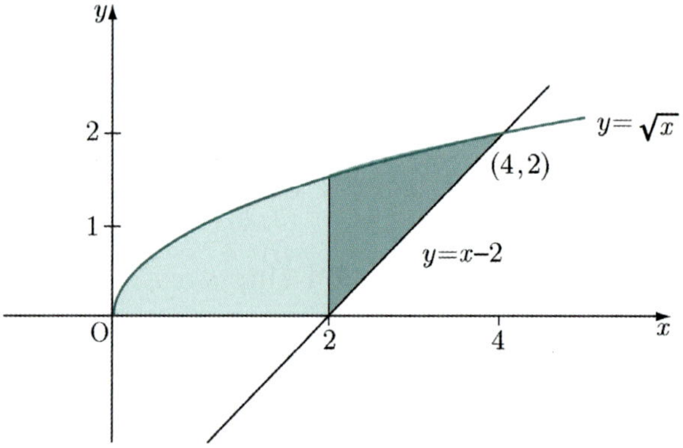

$$\begin{aligned} A &= \int_0^2 \sqrt{x}\, dx + \int_2^4 \{\sqrt{x} - (x-2)\} dx \\ &= \left[\frac{2}{3}x^{\frac{3}{2}}\right]_0^2 + \left[\frac{2}{3}x^{\frac{3}{2}} - \frac{1}{2}x^2 + 2x\right]_2^4 \\ &= \frac{10}{3} \end{aligned}$$

풀이 2 두 곡선 $x = y^2$ (단, $y \geq 0$), $x = y+2$와 직선 $y=0$으로 둘러싸인 영역과 같으므로 구하려는 넓이 A 는 다음과 같다.

$$A = \int_0^2 \{(y+2) - y^2\}\, dy$$

$$= \left[\frac{1}{2}y^2 + 2y - \frac{1}{3}y^3\right]_0^2$$

$$= \frac{10}{3}$$

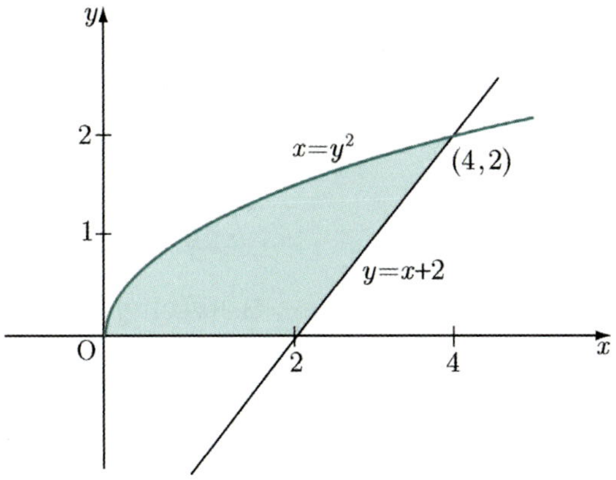

■

연습문제 5.1

1. 다음 영역의 넓이 A를 구하라.

(1) 곡선 $y = x^3 + x^2 - 4x - 4$ 와 x 축으로 둘러싸인 영역

(2) 곡선 $y = e^{-x}$ 와 x 축 및 두 직선 $x = 0$, $x = \pi$ 로 둘러싸인 영역

(3) 곡선 $x = y(y-2)$와 y축으로 둘러싸인 영역

(4) 곡선 $x = y^2 - 4$ 와 y 축 및 직선 $y = 4$로 둘러싸인 영역

2. 다음 영역의 넓이 A를 구하라.

(1) 포물선 $y = x^2 - 2x - 1$ 과 직선 $y = x - 1$ 로 둘러싸인 영역

(2) 두 곡선 $y = x^2 + 2x$, $y = -x^2 + 4$ 로 둘러싸인 영역

(3) 두 곡선 $y = \sin x$, $y = \cos x$ 와 y축 및 직선 $x = \dfrac{\pi}{4}$ 로 둘러싸인 영역

(4) 곡선 $x = y(y^2 - 4)$ 와 y 축으로 둘러싸인 영역

3. 곡선 $y = x^3 - (a+2)x^2 + 2ax$ (단, $0 < a < 2$)와 x축으로 둘러싸인 두 영역의 넓이가 서로 같을 때, 상수 a 의 값을 구하라.

4. 곡선 $y = |x^2 - 1|$ 과 직선 $y = 1$ 로 둘러싸인 영역의 넓이 A를 구하라.

5. 곡선 $y = x^3 - 2ax^2 + a^2x$ 와 직선 $y = mx$ 로 둘러싸인 두 영역의 넓이가 서로 같도록 하는 m의 값을 구하라. (단, $a > 0$, $0 < m < a^2$)

5.2 정적분과 부피

다음 그림과 같이 x 좌표가 a, b인 두 점을 지나 x축에 수직인 두 평면 사이에 있는 입체의 부피 V를 구해 보자. 닫힌 구간 $[a,\ b]$의 임의의 점 x를 지나 x축에 수직인 평면으로 자른 단면의 넓이를 $S(x)$라 하자.

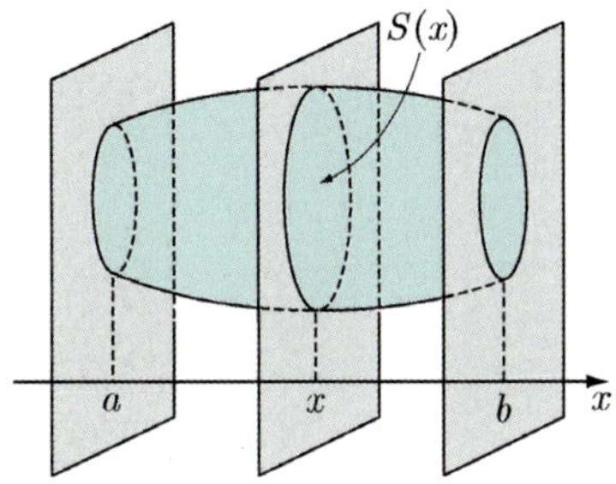

닫힌 구간 $[a,\ b]$를 n개의 소구간 $[x_{k-1},\ x_k]$ $(k=1,\ 2,\ \cdots,\ n)$으로 분할한 후, 각 소구간 $[x_{k-1},\ x_k]$에서 임의로 한 점 x_k^*를 택할 때, 밑넓이가 $S(x_k^*)$, 높이가 $\Delta x_k = x_k - x_{k-1}$인 n개의 기둥의 부피의 합 V_n은

$$V_n = \sum_{k=1}^{n} S(x_k^*)\ \Delta x_k$$

이다. 여기서 $\Delta = \max_{1 \le k \le n} \Delta x_k$라 할 때, 극한값

$$\lim_{\Delta \to 0} V_n = \lim_{\Delta \to 0} \sum_{k=1}^{n} S(x_k^*)\Delta x_k$$

가 존재하면 이 값이 구하는 입체의 부피 V이다. 따라서 정적분의 정의에 의하여 다음이 성립한다.

입체도형의 부피

$$V = \lim_{\Delta \to 0} \sum_{k=1}^{n} S(x_k^*)\Delta x_k = \int_a^b S(x)\, dx$$

보기

닫힌 구간 [0, 4] 의 임의의 점 x 에서 x 축에 수직인 평면으로 자른 단면이 한 변의 길이가 $(x+2)$인 정사각형이 되는 입체가 있다. 이 입체에서 $S(x)=(x+2)^2$ 이므로 이 입체의 부피 V는 다음과 같다.

$$V=\int_0^4 (x+2)^2 dx=\left[\frac{(x+2)^3}{3}\right]_0^4=72-\frac{8}{3}=\frac{208}{3}$$

이제 닫힌 구간 $[a, b]$ 에서 곡선 $y=f(x)$ 를 x축을 중심으로 회전시킬 때 생기는 회전체의 부피 V를 구해보자.

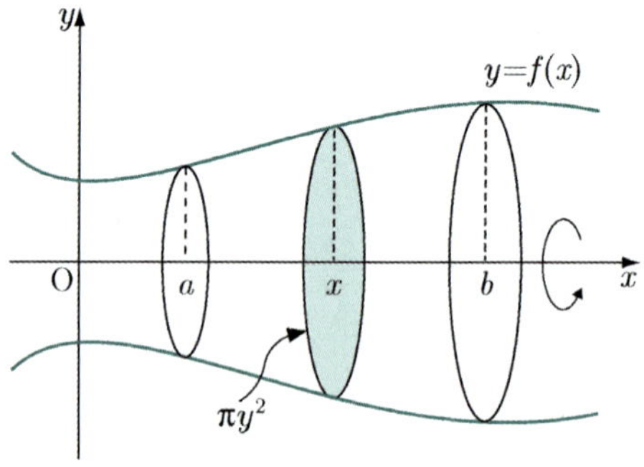

함수 $y=f(x)$ 가 닫힌 구간 $[a, b]$ 에서 연속일 때, 곡선 $y=f(x)$와 x축 및 두 직선 $x=a$, $x=b$ 로 둘러싸인 영역을 x축을 중심으로 회전시킬 때 생기는 회전체의 부피를 V라 하자.

이때 x 축의 임의의 점 x 에서 x 축에 수직인 평면으로 자른 단면은 반지름의 길이가 $f(x)$ 인 원이므로 이 단면의 넓이는

$$S(x) = \pi\{f(x)\}^2$$

이고, 이 회전체의 부피 V는 다음과 같다.

회전체의 부피

$$V = \int_a^b \pi\{f(x)\}^2\, dx = \int_a^b \pi y^2\, dx$$

또한 함수 $x = g(y)$가 닫힌 구간 $[c,\ d]$ 에서 연속일 때, 곡선 $x = g(y)$와 y 축 및 두 직선 $y = c$, $y = d$ 로 둘러싸인 영역을 y 축을 중심으로 회전시킬 때 생기는 회전체의 부피 V 는 다음과 같다.

$$V = \pi \int_c^d \{g(y)\}^2\, dy = \pi \int_c^d x^2\, dy$$

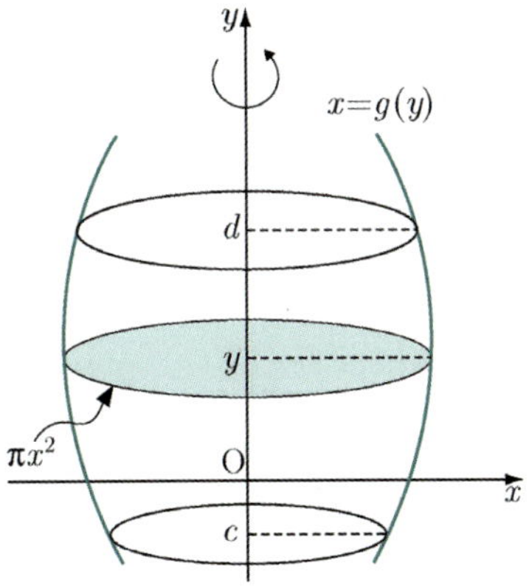

일반적으로 회전체의 부피는 다음과 같다.

정리 5.1 회전체의 부피

두 함수 $y_1 = f(x)$, $y_2 = g(x)$ 가 닫힌 구간 $[a,\ b]$ 에서 연속이고 모든 $x \in [a, b]$ 에 대하여 $f(x) \geq g(x) \geq 0$ 일 때, 두 곡선 $y_1 = f(x)$, $y_2 = g(x)$ 및 두 직선 $x = a$, $x = b$ 로 둘러싸인 영역을 x 축을 중심으로 회전시킬 때 생기는 회전체의 부피 V는 다음과 같다.

$$V = \pi \int_a^b \left[\{f(x)\}^2 - \{g(x)\}^2\right] dx = \pi \int_a^b (y_1^2 - y_2^2)\, dx$$

또한 함수 $x_1 = f(y)$, $x_2 = g(y)$ 가 닫힌 구간 $[c, d]$ 에서 연속이고 모든 $x \in [c, d]$ 에 대하여 $f(y) \geq g(y) \geq 0$ 일 때, 두 곡선 $x_1 = f(y)$, $x_2 = g(y)$ 및 두 직선 $y = c$, $y = d$ 로 둘러싸인 영역을 y 축을 중심으로 회전시킬 때 생기는 회전체의 부피 V는 다음과 같다.

$$V = \pi\int_c^d [\{f(y)\}^2 - \{g(y)\}^2]\, dy = \pi\int_c^d (x_1^2 - x_2^2)\, dy$$

보기

(1) 곡선 $y = \sqrt{x}$ 와 x 축 및 직선 $x = 4$ 로 둘러싸인 영역을 x 축을 중심으로 회전시킬 때 생기는 회전체의 부피 V_x 는 다음과 같다.

$$V_x = \pi\int_0^4 (\sqrt{x})^2\, dx$$
$$= \pi\left[\frac{1}{2}x^2\right]_0^4$$
$$= 8\pi$$

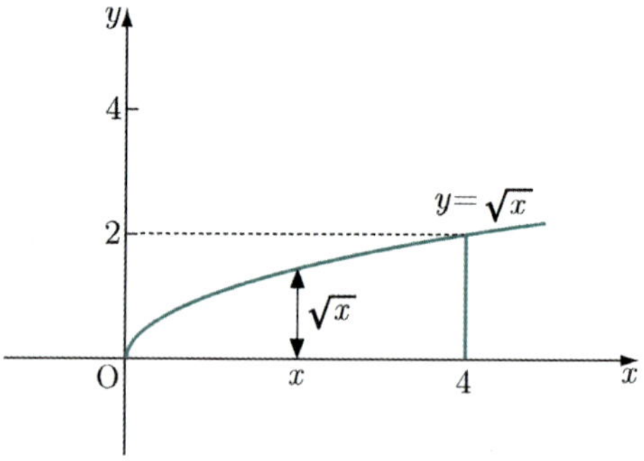

(2) 곡선 $y = \sqrt{x}$ 와 y 축 및 직선 $y = 2$ 로 둘러싸인 영역을 y축을 중심으로 회전시킬 때 생기는 회전체의 부피 V_y 는 다음과 같다.

$$V_y = \pi\int_0^2 x^2\, dy = \pi\int_0^2 y^4\, dy$$
$$= \pi\left[\frac{1}{5}x^5\right]_0^2$$
$$= \frac{32}{5}\pi$$

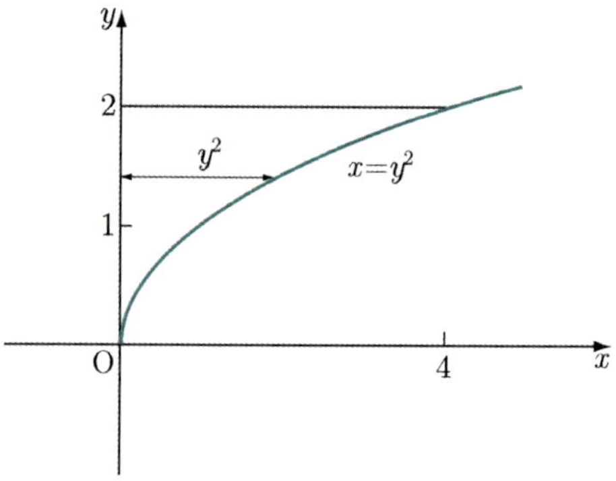

예제 1 곡선 $y=\sqrt{x}$ 와 두 직선 $y=1$, $x=4$로 둘러싸인 영역을 직선 $y=1$을 중심으로 회전시킬 때 생기는 회전체의 부피 V를 구하라.

풀이 단면은 반지름의 길이가 $\sqrt{x}-1$인 원이므로 구하려는 부피 V는 다음과 같다.

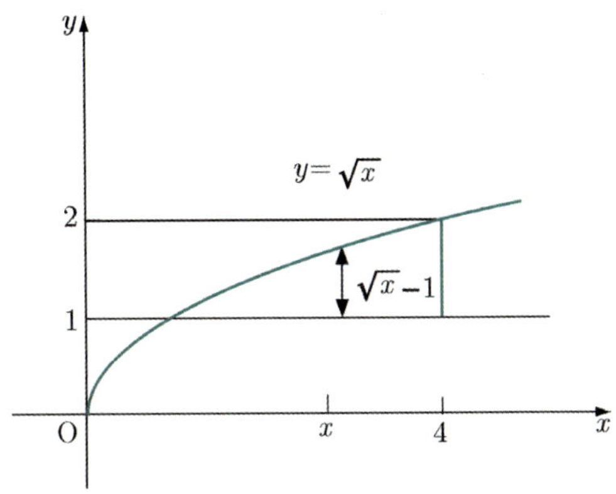

$$V = \pi\int_1^4(\sqrt{x}-1)^2\,dx = \pi\int_1^4(x-2\sqrt{x}+1)\,dx$$

$$= \pi\left[\frac{1}{2}x^2-\frac{4}{3}x^{\frac{3}{2}}+x\right]_1^4 = \frac{7}{6}\pi$$ ■

예제 2 반지름의 길이가 a (단, $a>0$) 인 구의 부피 V를 구하라.

풀이 반지름이 a 인 원의 방정식은

$$x^2+y^2 = a^2,$$

$$\text{즉 } y=\pm\sqrt{a^2-x^2}$$

이다. 이때 곡선 $y=\sqrt{a^2-x^2}$ 는 반지름의 길이가 a인 위쪽 반원이므로, 반지름의 길이가 a인 구의 부피 V는 $x=-a$에서 $x=a$까지 곡선 $y=\sqrt{a^2-x^2}$ 으로 둘러싸인 영역을 x축을 중심으로 회전시킬 때 생기는 회전체의 부피와 같다.

$$V=\pi\int_{-a}^{a}y^2\,dx = \pi\int_{-a}^{a}(a^2-x^2)\,dx$$

$$= \pi\left[a^2x-\frac{x^3}{3}\right]_{-a}^{a}dx = \frac{4}{3}\pi a^3$$ ■

예제 3 닫힌 구간 $[0, 2]$ 에서 곡선 $y = 4x^2$과 직선 $y = 16$으로 둘러싸인 영역을 x축을 중심으로 회전시킬 때 생기는 입체의 부피 V를 구하라.

풀이 $0 \le x \le 2$ 인 x 에서 구하는 부피 V 는 다음과 같다.

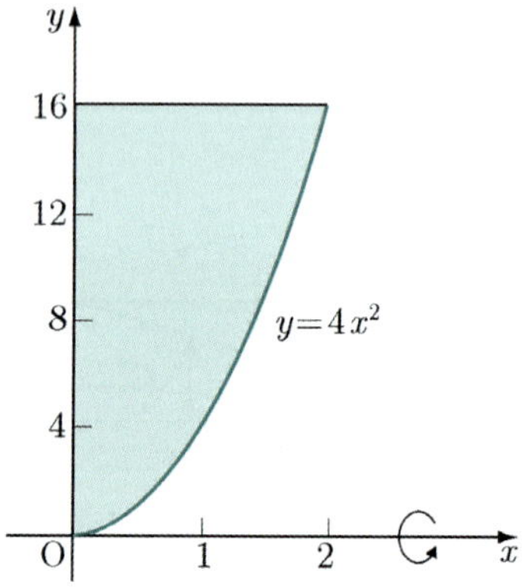

$$V = \pi\int_0^2 \{16^2 - (4x^2)^2\}\, dx = \pi\int_0^2 (256 - 16x^4)\, dx$$

$$= \pi\left[256x - \frac{16}{5}x^5\right]_0^2 = \frac{2048}{5}\pi$$

■

지금까지는 입체의 부피를 구할 때, 그 입체의 단면의 넓이를 이용하였다. 이제 입체도형의 부피를 구하는 또 하나의 방법으로 **원주각에 의한 방법**(method of cylindrical shell)을 소개한다.

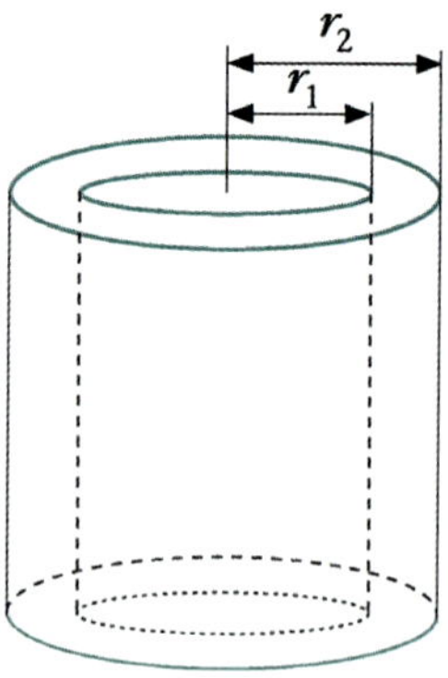

원주각은 중심이 같은 두 직원기둥에 의하여 둘러싸인 입체이다.

먼저 내부 반지름의 길이가 r_1, 외부 반지름의 길이가 r_2이고 높이가 h 인 원주각의 부피 V는 다음과 같다.

$$V = (\text{밑면적}) \times (\text{높이})$$

$$= (\pi r_2^2 - \pi r_1^2)\, h = \pi(r_2 + r_1)(r_2 - r_1)\, h$$

$$= 2\pi\left(\frac{r_1 + r_2}{2}\right) h\ (r_2 - r_1)$$

$$= 2\pi \times (\text{평균 반지름}) \times (\text{높이}) \times (\text{두께})$$

위의 원주각의 부피 공식을 이용하면, 다음과 같이 회전체의 부피를 구할 수 있다.

정리 5.2 원주각에 의한 방법

함수 $y = f(x)$가 닫힌 구간 $[a, b]$(단, $a \geq 0$)에서 연속이고 $f(x) \geq 0$이면, 곡선 $y = f(x)$와 x 축 및 두 직선 $x = a$, $x = b$로 둘러싸인 영역을 y축을 중심으로 회전시킬 때 생기는 회전체의 부피 V는 다음과 같다.

$$V = 2\pi \int_a^b x\, f(x)\, dx$$

증명 닫힌 구간 $[a, b]$를 n개의 소구간 $[x_{k-1}, x_k]$ $(k = 1, 2, \cdots, n)$ 으로 분할하고,

$x_k^* = \dfrac{1}{2}(x_{k-1} + x_k)$라 하자.

다음 그림과 같이 가로가 $\Delta x_k = x_k - x_{k-1}$이고 높이가 $f(x_k^*)$인 직사각형을 y축을 중심으로 회전시킬 때 생기는 원주각의 부피 V_k는 다음과 같다.

$$V_k = 2\pi\, x_k^* f(x_k^*)\, \Delta x_k$$

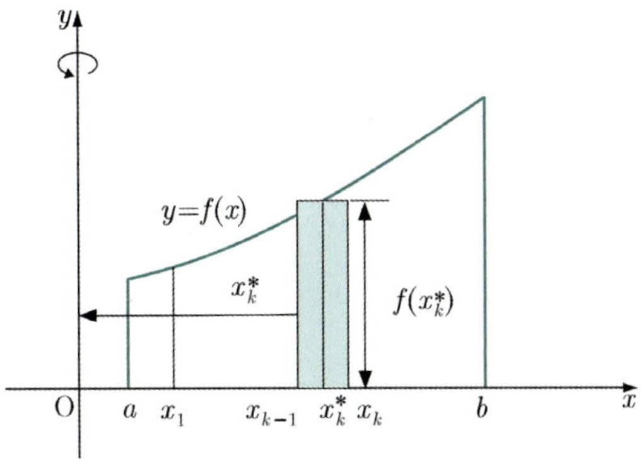

여기서 $\Delta = \max_{1 \leq k \leq n} \Delta x_k$라 하자. 그러면 함수 $y = f(x)$가 폐구간 $[a, b]$에서 연속이므로 정적분의 정의에 의해 다음이 성립한다.

$$\begin{aligned} V &= 2\pi \lim_{\Delta \to 0} \sum_{k=1}^{n} x_k^* f(x_k^*)\, \Delta x_k \\ &= 2\pi \int_a^b x\, f(x)\, dx \end{aligned}$$

■

또한 함수 $x = g(y)$가 닫힌 구간 $[c,\ d]$ (단, $c \geq 0$)에서 연속이고 $g(y) \geq 0$일 때, 곡선 $x = g(y)$와 y축 및 두 직선 $y = c$, $y = d$로 둘러싸인 영역을 x축을 중심으로 회전시킬 때 생기는 회전체의 부피 V는 다음과 같다.

$$V = 2\pi \int_c^d y\, g(y)\, dy$$

예제 4 곡선 $y = x^2 + 1$과 x축 및 두 직선 $x = 1$, $x = 3$으로 둘러싸인 영역을 y축을 중심으로 회전시킬 때 생기는 회전체의 부피 V를 구하라.

풀이 $1 \leq x \leq 3$인 x에서 원주각의 높이는 $x^2 + 1$이므로 구하는 부피는 다음과 같다.

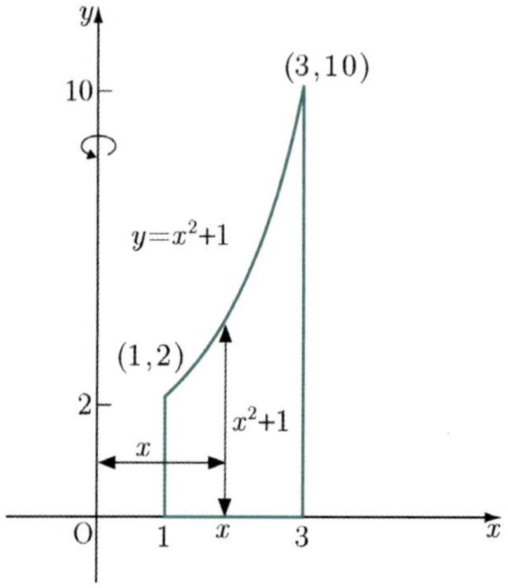

$$V = 2\pi \int_1^3 x(x^2+1)\, dx = 2\pi \int_1^3 (x^3 + x)\, dx$$

$$= 2\pi \left[\frac{1}{4}x^4 + \frac{1}{2}x^2 \right]_1^3 = 48\pi$$

■

예제 5 곡선 $y=x^2$ $(x \geq 0)$과 y축 및 직선 $y=1$로 둘러싸인 영역을 직선 $x=2$를 중심으로 회전시킬 때 생기는 입체의 부피 V를 구하라.

풀이 $0 \leq x \leq 1$인 x에서 원주각의 반지름의 길이는 $(2-x)$이고, 높이는 $(1-x^2)$이므로 구하려는 부피 V는 다음과 같다.

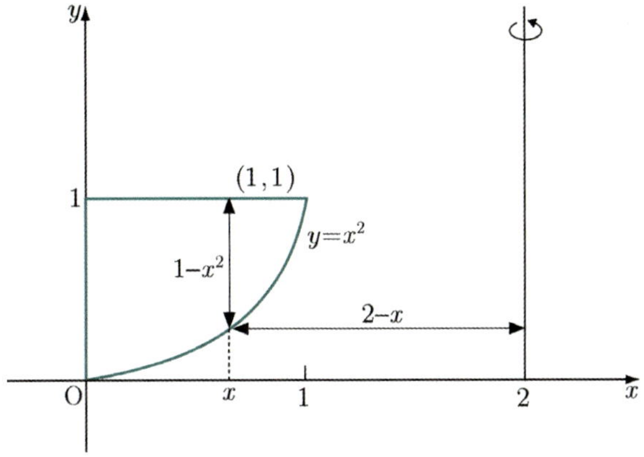

$$\begin{aligned} V &= 2\pi\int_0^1 (2-x)\ (1-x^2)\ dx \\ &= 2\pi\int_0^1 (2-2x^2-x+x^3)\ dx \\ &= 2\pi\left[\ 2x-\frac{2}{3}x^3-\frac{1}{2}x^2+\frac{1}{4}x^4\ \right]_0^1 \\ &= \frac{13}{6}\pi \end{aligned}$$

■

연습문제 5.2

1. 다음 입체의 부피 V를 구하라.

(1) 곡선 $y=4-x^2$과 직선 $y=x+2$로 둘러싸인 영역을 x축을 중심으로 회전시킬 때 생기는 회전체

(2) 곡선 $y=x^3$과 y축 및 직선 $y=3$으로 둘러싸인 영역을 y축을 중심으로 회전시킬 때 생기는 회전체

(3) 두 곡선 $y=x^2$, $y=2-x^2$으로 둘러싸인 영역을 x축을 중심으로 회전시킬 때 생기는 회전체

(4) 곡선 $y=x^2$ (단, $x \geq 0$)과 두 직선 $x=0$, $y=x+2$로 둘러싸인 영역을 y축을 중심으로 회전시킬 때 생기는 회전체

2. 곡선 $y=\sqrt{x}$와 직선 $y=ax$ (단, $a>0$)로 둘러싸인 영역을 x축을 중심으로 회전시킬 때 생기는 회전체의 부피와 y축을 중심으로 회전시킬 때 생기는 회전체의 부피가 서로 같을 때, a의 값을 구하라.

3. 다음 입체의 부피 V를 구하라.

(1) 곡선 $y=-x^2+2$와 직선 $y=-x$로 둘러싸인 영역을 x축을 중심으로 회전시킬 때 생기는 회전체

(2) 곡선 $y=4-x^2$과 x축으로 둘러싸인 영역을 직선 $y=-1$을 중심으로 회전시킬 때 생기는 회전체

4. 곡선 $y=3x-x^2$과 x축으로 둘러싸인 영역을 y축을 중심으로 회전시킬 때 생기는 회전체의 부피를 원주각에 의한 방법으로 구하라.

5.3 곡선의 길이와 회전체의 겉넓이

닫힌 구간 $[a, b]$ 에서 함수 $f(x)$가 연속일 때, 이 구간에서 곡선 $y = f(x)$의 길이(arc-length)와 회전체의 겉넓이(surface area)에 대하여 알아보자.

먼저 닫힌 구간 $[a, b]$에서 함수 $y = f(x)$와 그 도함수 $f'(x)$가 연속일 때, $x = a$에서 $x = b$까지 곡선 $y = f(x)$의 길이를 구해 보자.

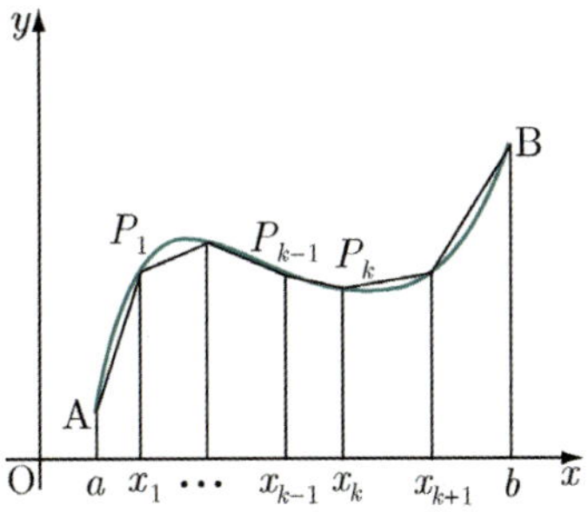

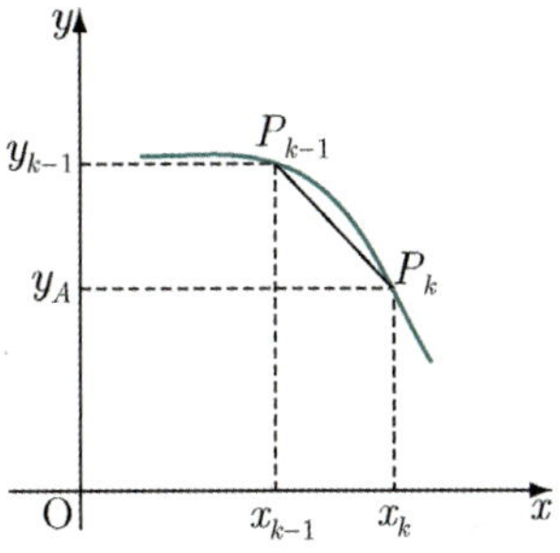

닫힌 구간 $[a, b]$를 n 개의 소구간 $[x_{k-1}, x_k]$ $(k = 1, 2, \cdots, n)$으로 분할한 후, 곡선 $y = f(x)$의 분할된 각 점 $\mathrm{P}_k(x_k, f(x_k))$를 연결한 선분의 합을 구한다.

$$\sum_{k=1}^{n} \overline{\mathrm{P}_{k-1}\mathrm{P}_k} = \sum_{k=1}^{n} \sqrt{(\Delta x_k)^2 + (\Delta y_k)^2} \quad (\text{단, } \Delta y_k = f(x_k) - f(x_{k-1}))$$

여기서 $\Delta = \max_{1 \le k \le n}(x_k - x_{k-1})$에 대한 다음 극한값이 존재하면, 이 극한값을 $x = a$에서 $x = b$까지 곡선 $y = f(x)$의 길이라 한다.

$$\lim_{\Delta \to 0} \sum_{k=1}^{n} \overline{\mathrm{P}_{k-1}\mathrm{P}_k} = \lim_{\Delta \to 0} \sum_{k=1}^{n} \sqrt{(\Delta x_k)^2 + (\Delta y_k)^2}$$

각 소구간 $[x_{k-1}, x_k]$ 에서 미분에 관한 평균값 정리를 적용하면 다음을 만족시키는 x_k^*가 열린 구간 (x_{k-1}, x_k) 에 존재한다.

$$\frac{\Delta y_k}{\Delta x_k} = f(x_k^*)$$

그런데 $f'(x)$가 연속이므로 정적분의 정의에 의하여 다음이 성립한다.

$$\begin{aligned}\lim_{\Delta \to 0} \sum_{k=1}^{n} \overline{\mathrm{P}_{k-1}\mathrm{P}_{k}} &= \lim_{\Delta \to 0} \sum_{k=1}^{n} \sqrt{1 + \{f'(x_k^*)\}^2}\, \Delta x_k \\ &= \int_a^b \sqrt{1+ \{f'(x)\}^2}\, dx\end{aligned}$$

곡선의 길이

닫힌 구간 $[a, b]$에서 함수 $y = f(x)$와 그 도함수 $f'(x)$가 연속일 때, $x = a$에서 $x = b$까지 곡선 $y = f(x)$의 길이 L은 다음과 같다.

$$L = \int_a^b \sqrt{1 + \{f'(x)\}^2}\, dx = \int_a^b \sqrt{1 + \left(\frac{dy}{dx}\right)^2}\, dx$$

또한 닫힌 구간 $[c, d]$에서 함수 $x = g(y)$와 그 도함수 $g'(y)$가 연속일 때, $y = c$에서 $y = d$까지 곡선 $x = g(y)$의 길이 L은 다음과 같다.

$$L = \int_c^d \sqrt{1 + \{g'(y)\}^2}\, dy = \int_c^d \sqrt{1 + \left(\frac{dx}{dy}\right)^2}\, dy$$

보기

닫힌 구간 $[0, 8]$ 에서 $f(x) = \frac{2}{3}x^{\frac{3}{2}}$과 $f'(x) = \sqrt{x}$는 연속이다.

따라서 닫힌 구간 $[0, 8]$에서 곡선 $y = \frac{2}{3}x^{\frac{3}{2}}$의 길이 L은 다음과 같다.

$$\begin{aligned}L &= \int_0^8 \sqrt{1+(\sqrt{x})^2}\, dx = \int_0^8 \sqrt{1+x}\, dx \\ &= \left[\frac{2}{3}(1+x)^{\frac{3}{2}}\right]_0^8 = \frac{2}{3}(27 - 1) = \frac{52}{3}\end{aligned}$$

예제 1 닫힌 구간 $[0,\ 2]$에서 곡선 $y=\left(\frac{x}{2}\right)^{\frac{2}{3}}$의 길이 L을 구하라.

풀이 함수 $y = \left(\frac{x}{2}\right)^{\frac{2}{3}}$의 도함수

$$y' = \frac{2}{3}\left(\frac{x}{2}\right)^{-\frac{1}{3}}\left(\frac{1}{2}\right) = \frac{1}{3}\left(\frac{2}{x}\right)^{\frac{1}{3}}$$

은 $x = 0$ 에서 정의되지 않는다.

그런데 $y=\left(\frac{x}{2}\right)^{\frac{2}{3}}$를 $x = 2y^{\frac{3}{2}}$으로 변형하면, 닫힌 구간 $[0,\ 1]$에서 함수 $x = 2y^{\frac{3}{2}}$와 그 도함수

$$\frac{dx}{dy} = 2\left(\frac{3}{2}\right)y^{\frac{1}{2}} = 3\sqrt{y}$$

는 연속이므로, 구하려는 곡선의 길이 L은 다음과 같다.

$$\begin{aligned} L &= \int_0^1 \sqrt{1+(3\sqrt{y})^2}\, dy \\ &= \int_0^1 \sqrt{1+9y}\, dy \\ &= \left[\frac{1}{9}\ \frac{2}{3}(1+9y)^{\frac{3}{2}}\right]_0^1 \\ &= \frac{2}{27}\ (10\sqrt{10}-1) \end{aligned}$$

■

이제 닫힌 구간에서 곡선을 회전시킬 때 생기는 회전체의 겉넓이를 구해보자. 회전체의 겉넓이는 닫힌 구간의 곡선을 다음과 같이 몇 개의 선분으로 분할한 후, 각 선분을 회전시킬 때 생기는 원뿔대의 겉넓이의 합의 극한값으로 구한다.

밑면의 반지름의 길이가 r이고 모선의 길이가 L인 원뿔의 옆면은 부채꼴이므로 옆넓이는 $\pi L^2\times\frac{2\pi r}{2\pi L}=\pi rL$이다. 그러므로 그림과 같은 윗면의 반지름의 길이가 r_1, 밑면의 반지름의 길이가 r_2, 모선의 길이가 L 인 원뿔대의 겉넓이 S는 다음과 같다.

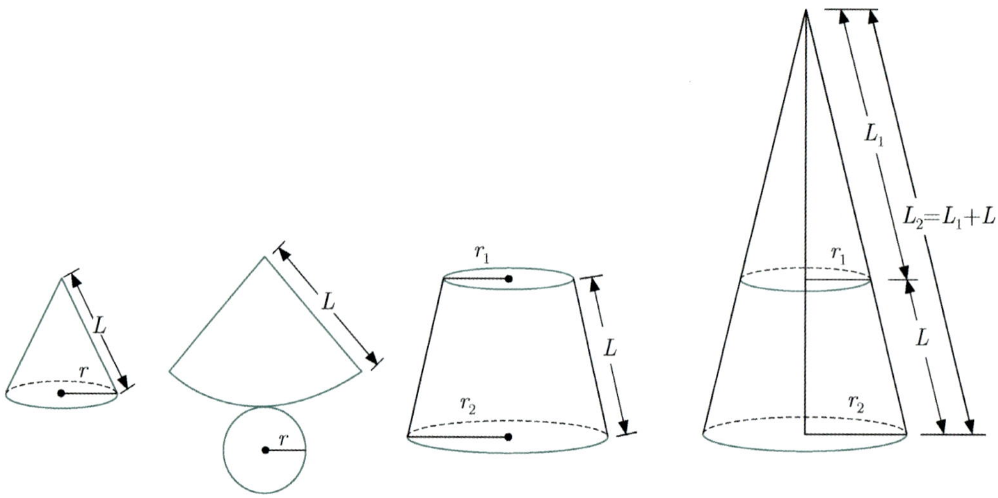

$$S = \pi r_2 (L_1 + L) - \pi r_1 L_1$$
$$= \pi (r_1 + r_2) L = 2\pi \left(\frac{r_1 + r_2}{2}\right) L$$
$$= 2\pi \times (\text{평균 반지름}) \times (\text{모선의 길이})$$

닫힌 구간 $[a, b]$에서 함수 $y = f(x)$와 그 도함수 $f'(x)$가 연속이고 $f(x) \geq 0$일 때, 곡선 $y = f(x)$를 x축을 중심으로 회전시킬 때 생기는 회전체의 겉넓이 S를 구해 보자.

닫힌 구간 $[a, b]$를 n개의 소구간 $[x_{k-1}, x_k]$ $(k = 1, 2, \cdots, n)$으로 분할한 후, 곡선 $y = f(x)$의 분할된 각 점 $P_k(x_k, f(x_k))$를 이은 선분을 x축을 중심으로 회전시킬 때 생기는 원뿔대의 겉넓이의 합을 구한다.

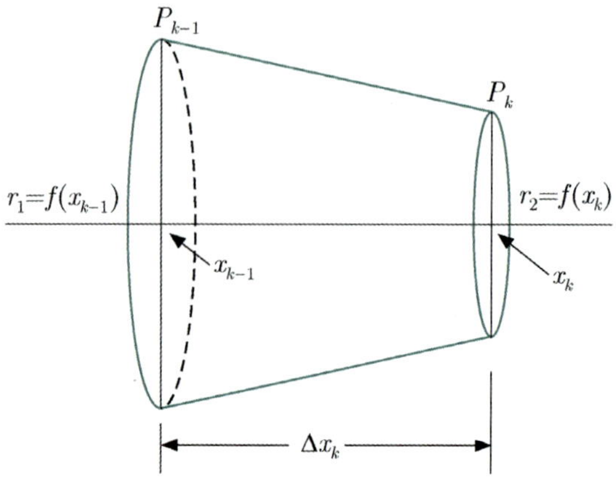

$\overline{\mathrm{P}_{k-1}\mathrm{P}_k}$를 x 축을 중심으로 회전시킬 때 생기는 원뿔대의 겉넓이 S_k 는

$$S_k = 2\pi \times \frac{f(x_{k-1}) + f(x_k)}{2} \times \sqrt{(\Delta x_k)^2 + (\Delta y_k)^2} \quad (\text{단, } \Delta y_k = f(x_k) - f(x_{k-1}))$$

이다. 여기서

$$\frac{f(x_{k-1}) + f(x_k)}{2} = f(x_k^{**}), \ (\text{단, } x_k^{**} \in (x_{k-1}, x_k))$$

라 하고, 소구간 $[x_{k-1}, x_k]$ 에서 미분에 관한 평균값 정리를 적용하면

$$\frac{\Delta y_k}{\Delta x_k} = f'(x_k^*)$$

인 x_k^*가 열린 구간 (x_{k-1}, x_k) 에 존재하고, $f'(x)$가 연속이므로 정적분의 정의에 의하여 다음을 얻는다. (단, $\Delta = \max_{1 \le k \le n}(x_k - x_{k-1})$

$$\begin{aligned}\lim_{\Delta \to 0} \sum_{k=1}^{n} S_k &= \lim_{\Delta \to 0} \sum_{k=1}^{n} 2\pi f(x_k^{**}) \sqrt{1 + \{f'(x_k^*)\}^2}\ \Delta x_k \\ &= 2\pi \int_a^b f(x) \sqrt{1 + (f'(x))^2}\, dx\end{aligned}$$

회전체의 겉넓이

닫힌 구간 $[a, b]$에서 $y = f(x)$와 그 도함수 $f'(x)$가 연속이고 $f(x) \ge 0$일 때, 곡선 $y = f(x)$를 x 축을 중심으로 회전시킬 때 생기는 회전체의 겉넓이 S 는 다음과 같다.

$$S = 2\pi \int_a^b f(x) \sqrt{1 + \{f'(x)\}^2}\, dx = 2\pi \int_a^b f(x) \sqrt{1 + \left(\frac{dy}{dx}\right)^2}\, dx$$

또한 닫힌 구간 $[c, d]$에서 함수 $x = g(y)$와 그 도함수 $g'(y)$가 연속이며 $g(y) \ge 0$일 때, 곡선 $x = g(y)$와 y 축 및 두 직선 $y = c$, $y = d$로 둘러싸인 영역을 y 축을 중심으로 회전시켰을 때 나타나는 회전체의 겉넓이 S는 다음과 같다.

$$S = 2\pi\int_c^d g(y)\sqrt{1+\{g'(y)\}^2}\,dy = 2\pi\int_c^d g(y)\sqrt{1+\left(\frac{dx}{dy}\right)^2}\,dy$$

예제 2 닫힌 구간 $[1,\ 2]$에서 곡선 $y=2\sqrt{x}$를 x축을 중심으로 회전시켜 생기는 회전체의 겉넓이 S를 구하라.

풀이 닫힌 구간 $[1,\ 2]$에서 함수 $f(x)=2\sqrt{x}$와 그 도함수 $f'(x)=\dfrac{1}{\sqrt{x}}$은 연속이고 $2\sqrt{x}\ \geq\ 0$이므로 구하려는 겉넓이 S는 다음과 같다.

$$\begin{aligned} S &= 2\pi\int_a^b f(x)\sqrt{1+\{f'(x)\}^2}\,dx \\ &= 2\pi\int_1^2 2\sqrt{x}\ \sqrt{1+\left(\frac{1}{\sqrt{x}}\right)^2}\,dx \\ &= 4\pi\int_1^2 \sqrt{x}\ \frac{\sqrt{x+1}}{\sqrt{x}}\,dx = 4\pi\int_1^2 \sqrt{x+1}\,dx \\ &= 4\pi\left[\frac{2}{3}(x+1)^{\frac{3}{2}}\right]_1^2 = \frac{8}{3}(3\sqrt{3}-2\sqrt{2})\pi \end{aligned}$$

■

예제 3 닫힌 구간 $[0,\ 1]$에서 곡선 $x=y^3$을 y축을 중심으로 회전시킬 때 생기는 회전체의 겉넓이 S를 구하라.

풀이 닫힌 구간 $[0,\ 1]$에서 함수 $g(y)=y^3$과 그 도함수 $g'(y)=3y^2$은 연속이며, $y^3\ \geq 0$이므로 구하려는 겉넓이 S는 다음과 같다.

$$\begin{aligned} S &= 2\pi\int_0^1 g(y)\sqrt{1+\{g'(y)\}^2}\,dy \\ &= 2\pi\int_0^1 y^3\sqrt{1+(3y^2)^2}\,dy \\ &= \frac{1}{18}\pi\int_0^1 \sqrt{1+9y^4}\,(36y^3)\,dy \\ &= \frac{\pi}{18}\frac{2}{3}\left[(1+9y^4)^{\frac{3}{2}}\right]_0^1 = \frac{\pi}{27}(10\sqrt{10}-1) \end{aligned}$$

■

연습문제 5.3

1. 다음 주어진 구간에서 곡선의 길이 L을 구하라.

(1) $y = x^{\frac{3}{2}}$ $(0 \le x \le 1)$

(2) $3y = 2(x-1)^{3/2}$ $(1 \le x \le 4)$

2. 다음 주어진 구간에서 곡선의 길이 L을 정적분으로 나타내라.

(1) $y = \cos x$ $(0 \le x \le \pi)$

(2) $y = x^{\frac{2}{3}}$ $(0 \le x \le 1)$

3. 다음 곡선을 x축을 중심으로 회전시킬 때 생기는 회전체의 겉넓이 S를 구하라.

(1) $y = \dfrac{x^3}{9}$ $(0 \le x \le 2)$

(2) $y = \sqrt{x+1}$ $(1 \le x \le 5)$

(3) $y = \sqrt{12x}$ $(0 \le x \le 3)$

4. 다음 곡선을 y축을 중심으로 회전시킬 때 생기는 회전체의 겉넓이 S를 구하라.

(1) $x = \dfrac{y^3}{3}$ $(0 \le y \le 1)$

(2) $x = 2\sqrt{4-y}$ $\left(0 \le y \le \dfrac{15}{4}\right)$

5.4 정적분과 속도

정적분을 활용하여 움직이는 물체의 속도를 알 때, 위치와 실제로 움직인 거리를 구하여 보자.

수직선 위를 움직이는 점 P 의 시각 t 에서의 위치를 $x = s(t)$, 속도를 $v = v(t)$라 하면 다음이 성립한다.

$$v = \frac{dx}{dt} = s'(t), \quad x = s(t) = \int v\, dt$$

이로부터 시각 t 에서의 점 P의 위치를 구해 보자.

먼저, 시각 $t = t_0$ 에서 점 P 의 위치를 $x_0 = s(t_0)$라고 하면

$$\int_{t_0}^{t} v\, dt = \Big[s(t) \Big]_{t_0}^{t} = x - x_0$$

이므로 시각 t 에서의 점 P의 위치는 다음과 같다.

$$s(t) = x = x_0 + \int_{t_0}^{t} v\, dt$$

여기서

$$s(a) = x_0 + \int_{t_0}^{a} v(t)\, dt, \quad s(b) = x_0 + \int_{t_0}^{b} v(t)\, dt$$

이므로 시각 $t = a$ 에서 $t = b$ 까지 점 P의 위치의 변화량은 다음과 같다.

$$\begin{aligned} s(b) - s(a) &= \int_{t_0}^{b} v(t)\, dt - \int_{t_0}^{a} v(t)\, dt \\ &= \int_{a}^{t_0} v(t)\, dt + \int_{t_0}^{b} v(t)\, dt = \int_{a}^{b} v(t)\, dt \end{aligned}$$

한편 점 P 가 $t = a$ 에서 $t = b$ 까지 실제로 움직인 거리는 움직인 방향과는 무관하고 속력 $|v(t)|$ 에만 관계가 있으므로 점 P 가 $t = a$ 에서 $t = b$ 까지 움직인 거리 L은 다음과 같다.

$$L = \int_{a}^{b} |v(t)|\, dt$$

이와 같은 방법을 속도와 가속도에 적용해 보자.

수직선 위를 움직이는 점 P 의 시각 t 에서의 속도를 $v = v(t)$, 가속도를 $a = a(t)$라 하면

$$a = \frac{dv}{dt} = v(t)$$

이다. 이로부터 $t = t_0$ 일 때, $v = v_0$ 이라면 시각 t 에서의 속도 v 는 다음과 같다.

$$v = v(t) = v_0 + \int_{t_0}^{t} a \, dt$$

수직선 위를 움직이는 점의 위치와 움직인 거리

수직선 위를 움직이는 점 P 의 시각 t 에서의 위치를 $x = s(t)$, 속도를 $v(t)$ 라 하면

① 시각 $t = b$ 에서 점 P 의 위치 $s(b)$는 $s(b) = s(a) + \int_a^b v(t)\, dt$

② 시각 $t = a$ 에서 $t = b$ 까지 점 P 의 위치의 변화량 S는 $S = \int_a^b v(t)\, dt$

③ 시각 $t = a$ 에서 $t = b$ 까지 점 P 가 움직인 거리 L은 $L = \int_a^b |v(t)|\, dt$

보기

원점을 출발하여 수직선 위를 움직이는 점 P 의 시각 t에서의 속도가 $v(t) = 3t^2 + 2t$ 일 때, 시각 $t = 0$에서 $t = 4$까지 점 P 의 위치의 변화량은

$$\int_0^4 (3t^2 + 2t)\, dt = \left[t^3 + t^2\right]_0^4 = 80$$

이다. 이때 점 P 의 위치는 80이다.

예제 1 지면으로부터 30m의 높이에서 수직으로 처음 속도 20m/sec 로 발사한 물체의 t 초 후의 속도v는 $v(t) = 20 - 10t$ 라 한다.

(1) 발사한 지 3초 후, 이 물체의 지면으로부터의 높이를 구하라.

(2) 최고점에 도달했을 때의 이 물체의 지면으로부터의 높이를 구하라.

(3) 발사 후 5초 동안 이 물체가 움직인 거리를 구하라.

풀이 (1) 발사한 지 t 초 후의 지면으로부터의 높이를 $s(t)$(m)라 하면

$$s(t) = 30 + \int_0^t (20 - 10t)\,dt$$

$$= 30 + \left[20t - 5t^2\right]_0^t = 30 + 20t - 5t^2$$

이므로 발사한 지 3초 후, 지면으로부터의 높이는

$$s(3) = 30 + 20 \cdot 3 - 5 \cdot 3^2 = 45\,\mathrm{m}$$

(2) 최고점에서는 $v = 0$이므로 $20 - 10t = 0$에서 $t = 2$이므로

$$s(2) = 30 + 20 \cdot 2 - 5 \cdot 2^2 = 50\,(\mathrm{m})$$

(3) 발사 후 5초 동안 이 물체가 움직인 거리를 L이라 하면

$$L = \int_0^5 |v(t)|\,dt = \int_0^5 |20 - 10t|\,dt$$

$$= \int_0^2 (20 - 10t)\,dt + \int_2^5 (-20 + 10t)\,dt$$

$$= \left[20t - 5t^2\right]_0^2 + \left[-20t + 5t^2\right]_2^5$$

$$= 20 + 45 = 65(\mathrm{m})$$

■

예제 2 원점을 출발하여 수직선 위를 움직이는 두 점 P_1, P_2의 시각 t에서의 속도는 각각 다음과 같다.(단, $0 < a < 2$)

$$v_1(t) = 2t^2 - 4at + a^2, \quad v_2(t) = -t^2 + 8at - 8a^2$$

(1) 두 점 P_1, P_2가 원점을 출발한 후, 처음으로 만나는 시각을 구하라.

(2) $0 \le t \le 6$에서 두 점 P_1, P_2 사이의 거리의 최댓값을 구하라.

풀이 (1) 시각 t에서의 P_1과 P_2의 좌표를 각각 x_1, x_2 라 하면,

$$x_1 = \int_0^t v_1(t)\,dt$$

$$= \int_0^t (2t^2 - 4at + a^2)\,dt$$

$$= \frac{2}{3}t^3 - 2at^2 + a^2 t$$

$$x_2 = \int_0^t v_2(t)\,dt$$

$$= \int_0^t (-t^2 + 8at - 8a^2)\,dt$$

$$= -\frac{1}{3}t^3 + 4at^2 - 8a^2t$$

이다. 그런데 두 점 P_1, P_2가 만나는 것은 $x_1 = x_2$일 때이므로 $t(t-3a)^2 = 0$에서 $t = 3a\ (t > 0)$이다.

(2) $x_1 - x_2 = t(t-3a)^2$에서 $f(t) = t(t-3a)^2$으로 놓으면 $f(t) \geq 0$이고, 함수 $y = f(x)$의 그래프는 다음과 같다.

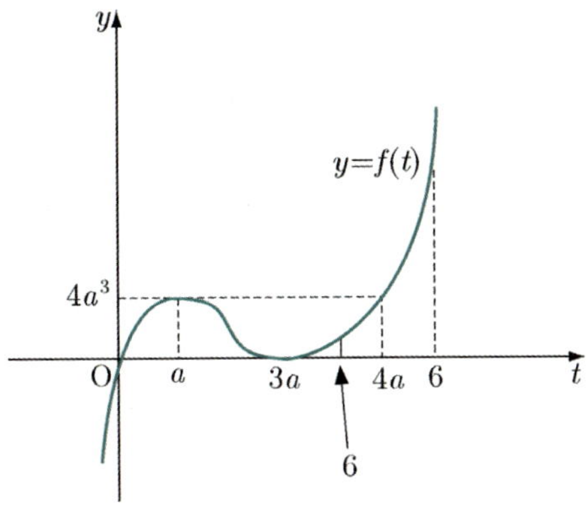

여기서 $f(t) = f(a)$를 만족시키는 t의 값은 $t = 4a$이므로, $0 \leq t \leq 6$에서 두 점 P_1, P_2 사이의 거리 $|x_1 - x_2| = f(t)$의 최댓값은 다음과 같다.

(i) $3a < 6 \leq 4a$, 즉 $\frac{3}{2} \leq a < 2$일 때에는 최댓값은 $f(a) = 4a^3$ 이다.

(ii) $0 < 4a \leq 6$, 즉 $0 < a \leq \frac{3}{2}$일 때에는 최댓값은 $f(6) = 54(a-2)^2$이다. ■

연습문제 5.4

1. 열차가 출발하여 3km를 달리는 동안 시각 t(분)에서의 속력이

$$v(t) = \frac{3}{4}t^2 + \frac{1}{2}t \text{ (km/분)}$$

이고, 그 이후로는 속력이 일정하다. 출발 후 5분 동안 이 열차가 달린 거리를 구하라.

2. 직선 위를 움직이는 어떤 물체는 처음 속도 30m / 초로 원점을 출발한 후, t 초가 지났을 때의 속도가

$$v = 30 - 3t - \sqrt{t} \text{ (m/초)}$$

라 한다. 이 물체의 속도가 0이 될 때까지 움직인 거리를 구하라.

3. 수직선 위를 움직이는 두 점 P, Q는 동시에 원점을 출발하고, 출발한 지 t초 후의 속도는 각각 다음과 같다. (단, $t \geq 0$)

$$v_1(t) = 3t^2 - 8t + 4, \qquad v_2(t) = 12 - 8t$$

(1) 출발한 지 t초 후의 두 점 P, Q의 위치 $f(t)$, $g(t)$를 각각 구하라.

(2) 두 점 P, Q가 만나는 시각을 구하라.

(3) 두 점 P, Q가 다시 만날 때까지 두 점 사이의 거리가 최대가 되는 시각을 구하라.

4. 어느 전선에 흐르는 전류의 세기 I는 시각 t 의 함수로 다음과 같다고 하자.

$$I = 2t + t^2$$

이때 $t = 0$ 에서 $t = 6$ 까지 흐른 전류의 양을 구하라.

제 6 장

여러 가지 적분법

생활과 자연 현상을 나타내는 함수들은 대부분 매우 복잡하므로, 여러 가지 문제 상황을 해결하기 위해서는 복잡한 함수들을 적분할 필요가 있다. 여러 가지 적분법은 복잡한 함수들의 적분을 가능하게 해준다.

이 장에서는 치환적분법과 부분적분법을 다루고, 이를 이용하여 여러 가지 함수의 적분을 계산한다. 또한 삼각함수에 관한 여러 등식을 이용하여 복잡한 삼각함수를 적분하는 방법을 다루고, 부분분수 분해를 이용하여 분수함수를 적분하는 방법을 배운다.

6.1 치환적분법과 부분적분법

미적분학의 기본정리를 이용하면 정적분을 구하기 위하여 먼저 부정적분을 구하는 것이 중요하다. 기본형의 부정적분은 도함수 공식으로부터 쉽게 구할 수 있지만, $\int x\sin x\,dx$, $\int xe^x\,dx$ 등과 같이 도함수 공식으로부터 부정적분을 쉽게 알 수 없는 경우가 많다.

이 절에서는 부정적분에서 기본형이 아닌 경우를 기본형으로 바꾸는 적분 방법인 치환적법과 부분적분법을 소개한다.

다음은 도함수 공식으로부터 쉽게 유도되는 기본형의 부정적분이다.

기본형의 부정적분

① $\int x^\alpha\,dx = \dfrac{x^{\alpha+1}}{\alpha+1} + C$ (단, $\alpha \neq -1$)

② $\int \dfrac{1}{x}\,dx = \ln|x| + C$, $\int \dfrac{f'(x)}{f(x)}\,dx = \ln|f(x)| + C$

③ $\int e^x\,dx = e^x + C$, $\int a^x\,dx = \dfrac{a^x}{\ln a} + C$ (단, $a > 0, a \neq 1$)

④ $\int \sin x\,dx = -\cos x + C$, $\int \cos x\,dx = \sin x + C$,

$\int \sec^2 x\,dx = \tan x + C$, $\int \csc^2 x\,dx = -\cot x + C$

⑤ $\int f(x)\,dx = F(x) + C$일 때, $\int f(x+k)\,dx = F(x+k) + C$

먼저 치환적분법에 대하여 알아보자.

부정적분 $\int f(x)dx$에서 함수 $f(x)$가 미분가능한 함수 $h(x)$와 어떤 함수 g에 대하여

$$f(x) = g(h(x))h'(x)$$

라고 하자. 이때 $h(x) = t$로 치환하면 $h'(x)dx = dt$이므로

$$\int f(x)dx = \int g(h(x))h'(x)dx = \int g(t)dt$$

이때 $\int g(t)dt$가 기본형이 되면 $f(x)$는 적분가능하고, 이와 같은 적분법을 **치환적분법**이라 한다. 여기서 $g(t)$의 한 부정적분을 $G(t)$라 하면 다음이 성립한다.

$$\int f(x)dx = \int g(t)dt = G(t) + C = G(h(x)) + C$$

따라서 미적분학의 기본정리에 의하여 다음이 성립한다.

$$\int_a^b f(x)dx = \int_{h(a)}^{h(b)} g(h(x))dx = G(h(b)) - G(h(a))$$

즉, 함수 f가 닫힌 구간 $[a, b]$에서 연속이고 $f(x) = g(h(x))h'(x)$를 만족하는 함수 g도 연속이라 할 때, 미적분학의 기본정리에 의하여 다음 치환적분법을 얻는다.

치환적분법

$$\int f(x)dx = \int g(h(x))h'(x)dx$$

$$\int_a^b f(x)dx = \int_{h(a)}^{h(b)} g(t)dt$$

보기

(1) $I = \int (1+x^2)^5 2x dx$ 에서 $1+x^2 = t$라 하면 $2xdx = dt$이므로

$$I = \int t^5 dt = \frac{t^6}{6} + C = \frac{(1+x^2)^6}{6} + C.$$

(2) $I = \int x^3 \cos(x^4+2)dx$ 에서 $x^4+2 = t$라 하면 $x^3dx = \frac{1}{4}dt$이므로

$$I = \frac{1}{4}\int \cos t\, dt = \frac{1}{4}\sin t + C = \frac{1}{4}\sin(x^4+2) + C.$$

예제 1 다음 부정적분을 구하라.

(1) $\int x 6^{x^2} dx$ (2) $\int_0^4 \sqrt{2x+1}\, dx$

풀이 (1) $u = x^2$으로 놓으면 $du = 2xdx$이다.

$$\therefore \int x6^{x^2}dx = \frac{1}{2}\int 6^{x^2}(2x)dx = \frac{1}{2}\int 6^u\,du$$

$$= \frac{1}{2}\cdot\frac{6^u}{\ln 6} + C = \frac{6^{x^2}}{2\ln 6} + C$$

(2) $2x+1 = t$라 하면 $dx = \frac{dt}{2}$이다. 또한 $x=0$일 때 $t=1$이고 $x=4$일 때 $t=9$이다.

$$\therefore \int_0^4 \sqrt{2x+1}\,dx = \int_1^9 \sqrt{t}\,\frac{dt}{2}$$

$$= \frac{1}{2}\int_1^9 t^{\frac{1}{2}}dt = \frac{1}{2}\left[\frac{2}{3}\cdot t^{1+\frac{1}{2}}\right]_1^9 = \frac{1}{3}\left[t^{\frac{3}{2}}\right]_1^9$$

$$= \frac{1}{3}(27-1) = \frac{26}{3}$$ ■

예제 2 다음 적분을 구하라.

(1) $I = \int_0^{\sqrt{\frac{\pi}{2}}} x\cos x^2\,dx$ (2) $\int_0^1 \frac{x}{\sqrt{x+1}}dx$

풀이 (1) $x^2 = t$라 하면 $xdx = \frac{dt}{2}$이다. 또한 $x=0$일 때 $t=0$이고, $x = \sqrt{\frac{\pi}{2}}$일 때 $t = \frac{\pi}{2}$이다.

$$\therefore I = \int_0^{\frac{\pi}{2}} \cos t\cdot\frac{1}{2}dt = \frac{1}{2}[\sin t]_0^{\frac{\pi}{2}} = \frac{1}{2}$$

(2) $\sqrt{x+1} = t$라 하면 $x+1 = t^2$, 즉 $x = t^2-1$이고 $dx = 2t\,dt$이다. 또한 $x=0$일 때 $t=1$이고, $x=1$일 때 $t=\sqrt{2}$이다. ($\because t \ge 0$)

$$\therefore I = \int_1^{\sqrt{2}} \frac{t^2-1}{t}\cdot 2tdt = 2\int_1^{\sqrt{2}}(t^2-1)dt$$

$$= 2\left[\frac{t^3}{3} - t\right]_1^{\sqrt{2}} = -\frac{2\sqrt{2}}{3} + \frac{4}{3}$$ ■

이제 부정적분 $\int x\sin x\,dx$, $\int \ln x\,dx$ 등과 같이 피적분함수가 기본형이 아니고 치환적분도 가능하지 않은 경우에 부정적분을 구하는 방법으로, 곱의 미분법에서 유도되는 부분적분법을 소개한다.

미분가능한 두 함수 g, h에 대하여

$$\frac{d}{dx}\{g(x)h(x)\} = g'(x)h(x) + g(x)h'(x)$$

이므로

$$\begin{aligned} g(x)h(x) &= \int (g'(x)h(x) + g(x)h'(x))dx \\ &= \int g'(x)h(x)dx + \int g(x)h'(x)dx \end{aligned}$$

즉,

$$\int g'(x)h(x)dx = g(x)h(x) - \int g(x)h'(x)dx$$

이 성립하는데, 이와 같은 적분방법을 **부분적분법**이라 한다. 즉, 부분적분법은 피적분함수를 적분할 함수 $g'(x)$와 미분할 함수 $h(x)$의 곱으로 생각하는 적분 방법이다. 여기서 $\int g(x)h'(x)dx$ 가 기본형이 될 때, $g(x)h'(x)$는 부분적분가능하다고 한다.

따라서 다음 정적분의 부분적분법이 성립한다.

부분적분법

$$\int g'(x)h(x)dx = g(x)h(x) - \int g(x)h'(x)dx,$$

$$\int_a^b g'(x)h(x)\,dx = [g(x)h(x)]_a^b - \int_a^b g(x)h'(x)dx$$

정적분의 부분적분법을 쉽게 기억하기 위하여

$$\int_a^b u'v = [uv]_a^b - \int_a^b uv'$$

로 적고, 피적분함수에서 어떤 함수를 v로, 나머지 함수를 u'로 선택한다.

주어진 피적분 함수에 대하여 부분적분법을 적용하는 방법을 정리하면 다음과 같다.

① 미분하면 차수가 줄어드는 함수를 v로, 나머지 함수를 u'로 선택한다.
② 피적분 함수에 $\ln x$가 있는 경우, $v=\ln x$로 정하고, 나머지 함수를 u'로 선택한다.
③ 미분했을 때 차수가 줄어드는 함수가 없을 경우, 피적분 함수 중 임의로 하나의 함수를 v로 선택한다.

보기

(1) $I=\int x\sin x\,dx$에서 $u'=\sin x,\ v=x$라 하면, $u=-\cos x,\ v'=1$이므로

$$I=(-\cos x)x-\int(-\cos x)\cdot 1dx$$
$$=-x\cos x+\sin x+C.$$

(2) $I=\int xe^x dx$에서 $u'=e^x, v=x$라 하면 $u=e^x,\ v'=1$이므로

$$I=e^x\cdot x-\int e^x dx=xe^x-e^x+C.$$

예제 3 다음 부정적분을 구하라.

(1) $I=\int x\ln x\,dx$ (2) $I=\int \ln x\,dx$

풀이 (1) $u'=x,\ v=\ln x$라 하면 $u=\dfrac{x^2}{2},\ v'=\dfrac{1}{x}$이다.

$$\therefore\ I=\frac{x^2}{2}\cdot\ln x-\int\frac{x^2}{2}\cdot\frac{1}{x}dx=\frac{x^2\ln x}{2}-\frac{1}{2}\int x\,dx$$
$$=\frac{x^2\ln x}{2}-\frac{x^2}{4}+C$$

(2) $u'=1,\ v=\ln x$라 하면, $u=x,\ v'=\dfrac{1}{x}$이다.

$$\therefore\ I=x\ln x-\int x\cdot\frac{1}{x}dx=x\ln x-\int 1dx$$
$$=x\ln x-x+C$$

■

부분적분법을 두 번 이상 적용하는 경우도 있다.

예제 4 다음 부정적분을 구하라.

(1) $I=\int x^2 e^x dx$를 구하라. (2) $I=\int x^3 \sin x\, dx$

풀이 (1) $u'=e^x$, $v=x^2$라 하면, 위 ⟨보기⟩의 (2)에 의하여

$$I=x^2e^x-\int 2xe^x\,dx = x^2e^x-2xe^x+2e^x+C.$$

(2) $u'=\sin x$, $v=x^3$라 하면, $I=-x^3\cos x+\int 3x^2\cos x\,dx$이다.

이제 $\int x^2\cos x\,dx$을 계산하기 위하여 $u'=\cos x$, $v=x^2$라 하면,

$$\int x^2\cos x\,dx=x^2\sin x-\int 2x\sin x\,dx$$

이다. 그러므로 <보기>의 (1)에 의하여 다음을 얻는다.

$$I=-x^3\cos x+3x^2\sin,x+6x\cos x-6\sin x+C$$ ■

예제 5 $I=\int e^x \sin x\,dx$를 구하라.

풀이 $u'=e^x$, $v=\sin x$라 하면 $u=e^x$, $v'=\cos x$이므로

$$I=e^x\sin x-\int e^x\cos x dx \qquad \cdots\cdots ①$$

그런데, 부정적분 $\int e^x\cos x\,dx$은 기본형이 아니므로 한 번 더 부분적분법을 이용한다. $u'=e^x$, $v=\cos x$라 하면 $u=e^x$, $v'=-\sin x$이므로

$$\int e^x\cos x dx=e^x\cos x-\int e^x(-\sin x)dx$$

$$=e^x\cos x+I \qquad \cdots\cdots ②$$

따라서, ②를 ①에 대입하면 $I=e^x\sin x-(e^x\cos x+I)$이므로 다음을 얻는다.

$$I=\frac{e^x(\sin x-\cos x)}{2}+C$$ ■

연습문제 6.1

1. 주어진 치환을 이용하여, 다음 부정적분을 구하라.

(1) $\int 2x(x^2+4)^{3/2}\,dx\,;\quad t=x^2+4$

(2) $\int \frac{2x^7+1}{(x^8+4x-1)^2}\,dx\,;\quad t=x^8+4x-1$

2. 치환적분법을 이용하여, 다음 부정적분을 구하라.

(1) $\int (x+1)\cos(x^2+2x)\,dx$

(2) $\int \sin(x+4)\,dx$

(3) $\int (5x^4+1)(x^5+x)^{100}\,dx$

(4) $\int \frac{x+1}{\sqrt{x^2+2x+3}}\,dx$

3. 부분적분법을 이용하여, 다음 부정적분을 구하라.

(1) $\int x\cos 5x\,dx$

(2) $\int x^2\cos x\,dx$

(3) $\int (x+2)e^x\,dx$

(4) $\int x^2e^{3x}\,dx$

(5) $\int 2x^3\cos x^2\,dx$

(6) $\int x^2\ln x\,dx$

4. 다음 정적분을 구하라.

(1) $\int_{-1}^{1}\sqrt{x+2}\,dx$

(2) $\int_{2}^{4}(x+1)(x^2+2x+1)^{\frac{5}{4}}\,dx$

(3) $\int_{0}^{\frac{\pi}{6}}\sin(3x+\pi)\,dx$

(4) $\int_{0}^{\frac{\pi}{2}}e^x\cos x\,dx$

(5) $\int_{1}^{3}\ln x^3\,dx$

(6) $\int_{1}^{e}(\ln x)^2\,dx$

5. 부정적분 $\int \sin x\cos x\,dx$를 다음 두 가지 방법으로 구하고, 그 결과를 서로 비교하라.

(1) 치환적분법 ($t=\sin x$)

(2) 부분적분법 ($u=\sin x,\ v'=\cos x$)

6.2 복잡한 삼각함수의 적분 방법

삼각함수에 대한 여러 가지 공식과 치환적분법을 이용하여 부정적분

$$\int \sin^m x \cos^n x dx, \quad \int \tan^m x \sec^n x dx, \quad \int \sin ax \cos bx \, dx$$

을 구하는 방법과 삼각함수 치환을 이용한 적분 방법에 대하여 알아보자.

■ $\int \sin^m x \cos^n x dx$의 적분

부정적분 $\int \sin^m x \cos^n x dx$에서 $\cos x$의 차수가 홀수이면 $\sin x = t$로 치환하고, $\sin x$의 차수가 홀수이면 $\cos x = t$로 치환한다. 예를 들면

$$I = \int \sin^3 x \cos^2 x dx$$

에서 $\cos x = t$로 치환하면 $-\sin x \, dx = dt$이므로

$$\begin{aligned} I &= \int \sin^2 x \cos^2 x (-dt) \\ &= -\int (1-t^2)t^2 dt = \int (t^4 - t^2) dt \end{aligned}$$

가 되어 적분할 수 있는 기본형이 된다.

예제 1 다음 부정적분을 구하라.

(1) $I = \int \sin^4 x \cos^3 x dx$ (2) $I = \int \sin^3 x dx$

풀이 (1) $\cos x$의 차수가 홀수이므로 $\sin x = t$라 하면 $\cos x \, dx = dt$이다.

$$\begin{aligned} \therefore I &= \int t^4 \cos^2 x \, dt = \int t^4 (1-t^2) dt = \int (t^4 - t^6) dt \\ &= \frac{t^5}{5} - \frac{t^7}{7} + C = \frac{\sin^5 x}{5} - \frac{\sin^7 x}{7} + C \end{aligned}$$

(2) $\sin x$의 차수가 홀수이므로 $\cos x = t$라 하면 $-\sin x \, dx = dt$이다.

$$\begin{aligned} \therefore I &= \int \sin^2 x (-dt) = -\int (1-t^2) dt = \int (t^2 - 1) dt \\ &= \frac{t^3}{3} - t + C = \frac{\cos^3 x}{3} - \cos x + C \end{aligned}$$

■

예제 2 부정적분 $I=\int \sin^2 x\cos^4 x dx$를 구하라.

풀이 차수가 모두 짝수이므로 삼각함수의 공식을 이용하여 차수를 줄인다.

$$\begin{aligned} I &= \int \left(\frac{1-\cos 2x}{2}\right)\left(\frac{1+\cos 2x}{2}\right)^2 dx \\ &= \frac{1}{8}\int (1+\cos 2x - \cos^2 2x - \cos^3 2x)dx \\ &= \frac{1}{8}\int \left\{1+\cos 2x - \frac{1}{2}(1+\cos 4x) - (1-\sin^2 2x)\cos 2x\right\}dx \\ &= \frac{1}{8}\int \left\{\frac{1}{2} - \frac{1}{2}\cos 4x + \sin^2 2x\cos 2x\right\}dx \\ &= \frac{1}{8}\left[\frac{1}{2}\int 1dx - \frac{1}{2}\int \cos 4x dx + \int \sin^2 2x\cos 2x\, dx\right] \\ &= \frac{1}{8}\left(\frac{1}{2}x - \frac{1}{8}\sin 4x + I_1\right) \end{aligned}$$

한편 $I_1 = \int \sin^2 2x\cos 2x dx$에서 $\sin 2x = t$라 하면 $2\cos 2x dx = dt$이므로

$$I_1 = \frac{1}{2}\int t^2 dt = \frac{t^3}{6} + C_1 = \frac{\sin^3 2x}{6} + C_1$$

$$\therefore I = \frac{1}{8}\left(\frac{1}{2}x - \frac{1}{8}\sin 4x + \frac{1}{6}\sin^3 2x\right) + C$$

■

■ $\int \tan^m x\sec^n x dx$**의 적분**

$\sec x$의 차수가 짝수이면 $\tan x = t$로, $\tan x$의 차수가 홀수이면 $\sec x = t$로 치환한다.

예제 3 다음 부정적분을 구하라.

(1) $I=\int \tan^6 x\sec^4 x dx$ (2) $I=\int \sec^8 x dx$

풀이 (1) $\sec x$의 차수가 짝수이므로 $\tan x = t$라 하면 $\sec^2 x\, dx = dt$이다.

$$\begin{aligned} \therefore I &= \int t^6(1+t^2)dt = \int (t^6+t^8)dt \\ &= \frac{t^7}{7} + \frac{t^9}{9} + C = \frac{\tan^7 x}{7} + \frac{\tan^9 x}{9} + C \end{aligned}$$

(2) $\sec x$의 차수가 짝수이므로 $\tan x = t$라 하면 $\sec^2 x dx = dt$이다.

$$\therefore I = \int (1+t^2)^3 dt = \int (t^6 + 3t^4 + 3t^2 + 1) dt$$

$$= \frac{t^7}{7} + \frac{3}{5}t^5 + t^3 + t + C$$

$$= \frac{\tan^7 x}{7} + \frac{3}{5}\tan^5 x + \tan^3 x + \tan x + C$$ ■

예제 4 부정적분 $I = \int \tan^3 x \sec^{\frac{1}{2}} x dx$를 구하라.

풀이 $\tan x$의 차수가 홀수이므로 $\sec x = t$라 하면 $\sec x \tan x\, dx = dt$이다.

$$\therefore I = \int \tan^2 x \sec^{-\frac{1}{2}} x\, dt = \int (t^2 - 1) t^{-\frac{1}{2}} dt$$

$$= \int (t^{\frac{3}{2}} - t^{-\frac{1}{2}}) dt$$

$$= \frac{t^{1+\frac{3}{2}}}{1+\frac{3}{2}} - \frac{t^{1-\frac{1}{2}}}{1-\frac{1}{2}} + C$$

$$= \frac{2}{5}\sec^{\frac{5}{2}} x - 2\sec^{\frac{1}{2}} x + C$$ ■

한편 부정적분 $I = \int \tan^2 x \sec^3 x dx$와 같이 $\tan x$의 차수가 짝수이고 $\sec x$의 차수가 홀수인 경우에는 치환적분법이 가능하지 않다. 그런데

$$I = \int (\sec^2 x - 1)\sec^3 x dx = \int \sec^5 x\, dx - \int \sec^3 x dx$$

이므로 $\int \sec^n x\, dx$ 같은 형태의 적분만 하면 된다.

예제 5 $I_n = \int \sec^n x\, dx$일 때, 다음이 성립함을 보여라.

$$I_n = \frac{1}{n-1}\tan x \sec^{n-2} x + \frac{n-2}{n-1} I_{n-2} \ (\text{단, } n \geq 2)$$

풀이 $I_n = \int \sec^{n-2}x \cdot \sec^2 x\,dx$ 이므로 $u' = \sec^2 x$, $v = \sec^{n-2}x$ 라 하면

$$u = \tan x,\ v' = (n-2)\sec^{n-3}x \cdot \sec x \tan x$$

따라서 부분적분법에 의하여 다음을 얻는다.

$$\begin{aligned} I_n &= \tan x \sec^{n-2}x - \int \tan x \cdot (n-2)\sec^{n-3}x \sec x \tan x\,dx \\ &= \tan x \sec^{n-2}x - (n-2)\int \sec^{n-2}x \tan^2 x\,dx \\ &= \tan x \sec^{n-2}x - (n-2)\int \sec^{n-2}(\sec^2 x - 1)\,dx \\ &= \tan x \sec^{n-2}x - (n-2)[\int \sec^n x\,dx - \int \sec^{n-2}x\,dx] \\ &= \tan x \sec^{n-2}x - (n-2)I_n + (n-2)I_{n-2}. \end{aligned}$$

$$\therefore I_n = \frac{1}{n-1}\tan x \sec^{n-2}x + \frac{n-2}{n-1}I_{n-2}\ (\text{단},\ n \geq 2)$$ ■

보기

$$\begin{aligned} I_1 = \int \sec x\,dx &= \int \frac{\sec x(\sec x + \tan x)}{\sec x + \tan x}\,dx \\ &= \ln|\sec x + \tan x| + C_1 \end{aligned}$$

이므로 예제 5로부터 다음을 얻는다.

$$\begin{aligned} I_3 &= \int \sec^3 x\,dx = \frac{1}{2}\tan x \sec x + \frac{1}{2}I_1 \\ &= \frac{1}{2}\tan x \sec x + \frac{1}{2}\ln|\sec x + \tan x| + C \end{aligned}$$

■ **$\int \sin ax \cos bx\,dx$ 의 적분**

삼각함수의 곱을 합 또는 차로 고치는 공식을 이용하여 기본형으로 바꾸어 계산한다.

예제 6 다음 부정적분을 구하라.

(1) $\int \sin 3x \cos 2x\,dx$ (2) $\int \sin 5x \sin 3x\,dx$

풀이 (1) $\sin 3x \cos 2x = \frac{1}{2}(\sin 5x + \sin x)$ 이므로

$$\begin{aligned} \int \sin 3x \cos 2x\,dx &= \frac{1}{2}\left(-\frac{1}{5}\cos 5x - \cos x\right) + C \\ &= -\frac{1}{10}\cos 5x - \frac{1}{2}\cos x + C \end{aligned}$$

(2) $\sin 5x \sin 3x = -\frac{1}{2}(\cos 8x - \cos 2x)$ 이므로,

$$\int \sin 5x \sin 3x \, dx = -\frac{1}{2}\left(\frac{1}{8}\sin 8x - \frac{1}{2}\sin 2x\right) + C$$
$$= -\frac{1}{16}\sin 8x + \frac{1}{4}\sin 2x + C$$ ■

■ **$\sqrt{a^2-x^2}$, $\sqrt{a^2+x^2}$, $\sqrt{x^2-a^2}$ (단, a는 양의 실수)을 포함한 경우**

① $\sqrt{a^2-x^2}$ 에서 $x = a\sin t \left(-\frac{\pi}{2} \le t \le \frac{\pi}{2}\right)$로 치환하면 $\sqrt{a^2-x^2} = a\cos t$

② $\sqrt{a^2+x^2}$ 에서 $x = a\tan t \left(-\frac{\pi}{2} < t < \frac{\pi}{2}\right)$로 치환하면 $\sqrt{a^2+x^2} = a\sec t$

③ $\sqrt{x^2-a^2}$ 에서 $x = a\sec t \left(0 \le t < \frac{\pi}{2}\right)$로 치환하면 $\sqrt{x^2-a^2} = a\tan t$

예제 7 다음 부정적분을 구하라.

(1) $I = \int_0^1 \sqrt{4-x^2}\, dx$ (2) $I = \int_0^3 \frac{1}{\sqrt{9+x^2}}\, dx$

(3) $I = \int_{\sqrt{2}}^2 \frac{\sqrt{x^2-1}}{x}\, dx$

풀이 (1) $x = 2\sin t \left(-\frac{\pi}{2} \le t \le \frac{\pi}{2}\right)$라 하면 $dx = 2\cos t\, dt$, $\sqrt{4-x^2} = 2\cos t$

이다. 또한 $x=0$일 때 $t=0$이고, $x=1$일 때 $t=\frac{\pi}{6}$이다.

$$\therefore I = \int_0^{\frac{\pi}{6}} 2\cos t \cdot 2\cos t\, dt = \int_0^{\frac{\pi}{6}} 4\cos^2 t\, dt$$
$$= 2\int_0^{\frac{\pi}{6}} (1+\cos 2t)\, dt = 2\left[t + \frac{\sin 2t}{2}\right]_0^{\frac{\pi}{6}}$$
$$= \frac{\pi}{3} + \frac{\sqrt{3}}{2}$$

(2) $x=3\tan t\left(-\frac{\pi}{2}<t<\frac{\pi}{2}\right)$라 하면 $dx=3\sec^2 t\,dt$, $\sqrt{9+x^2}=3\sec t$

이다. 또한 $x=0$일 때 $t=0$이고, $x=3$일 때 $t=\frac{\pi}{4}$이다.

$$\therefore\ I=\int_0^{\frac{\pi}{4}}\frac{3\sec^2 t}{3\sec t}dt=\int_0^{\frac{\pi}{4}}\sec t\,dt$$

$$=\left[\ln|\sec t+\tan t|\right]_0^{\frac{\pi}{4}}=\ln(\sqrt{2}+1)$$

(3) $x=\sec t\ \left(0\le t<\frac{\pi}{2}\right)$라 하면 $dx=\sec t\tan t\,dt$, $\sqrt{x^2-1}=\tan t$이

다. 또한 $x=\sqrt{2}$일 때 $t=\frac{\pi}{4}$이고, $x=2$일 때 $t=\frac{\pi}{3}$이다.

$$\therefore\ I=\int_{\frac{\pi}{4}}^{\frac{\pi}{3}}\tan^2 t\,dt=\int_{\frac{\pi}{4}}^{\frac{\pi}{3}}(\sec^2 t-1)\,dt$$

$$=\left[\tan t-t\right]_{\frac{\pi}{4}}^{\frac{\pi}{3}}=\sqrt{3}-1-\frac{\pi}{12}$$

■

연습문제 6.2

1. 다음 부정적분을 구하라.

(1) $\int \sin^3 x \cos^4 x dx$ (2) $\int \sin^5 x \cos^3 x dx$

(3) $\int \sin^4 x \cos^5 x dx$ (4) $\int \sin^4 x \cos^2 x dx$

(5) $\int \tan^3 x \sec^6 x dx$ (6) $\int \cos 4x \cos 6x \, dx$

2. $I_n = \int \tan^n x dx$ 일 때, 다음을 증명하라.

$$I_n = \frac{1}{n-1} \tan^{n-1} x - I_{n-2} \ (\text{단, } n \geq 2)$$

3. (1) 다음이 성립함을 보여라.

$$I_n = \int_0^{\frac{\pi}{2}} \sin^n x dx = \begin{cases} \dfrac{2 \cdot 4 \cdot \cdots \cdot (n-3) \cdot (n-1)}{3 \cdot \cdots \cdot (n-2) \cdot n} & (n\text{이 홀수}) \\ \dfrac{1 \cdot 3 \cdot \cdots \cdot (n-3) \cdot (n-1)}{2 \cdot 4 \cdot \cdots \cdot (n-2) \cdot n} \cdot \dfrac{\pi}{2} & (n\text{이 짝수}) \end{cases}$$

(2) $\int_0^{\frac{\pi}{2}} \cos^n x dx = \int_0^{\frac{\pi}{2}} \sin^n x dx$가 성립함을 보여라.

4. 문제 3을 이용하여 다음을 구하라.

(1) $I_5 = \int_0^{\frac{\pi}{2}} \sin^5 x dx$ (2) $I_7 = \int_0^{\frac{\pi}{2}} \cos^7 x dx$

5. 정적분 $I = \int_0^{\frac{3}{2}} \sqrt{9-x^2} \, dx$ 를 구하라.

6.3 분수함수의 적분 방법

분수함수는 부분분수로 분해하면 간단한 함수로 바꾸어 적분할 수 있다.

보기

$I=\int \frac{1}{x^2-5x+6}\,dx$를 구하기 위하여 부분분수로 분해하면

$$\frac{1}{x^2-5x+6}=\frac{1}{x-3}-\frac{1}{x-2}$$

이므로 다음이 성립한다.

$$I=\int\left(\frac{1}{x-3}-\frac{1}{x-2}\right)dx=\ln|x-3|-\ln|x-2|+C$$

분수함수의 적분 $\int \frac{g(x)}{f(x)}\,dx$ (단, $f(x)$, $g(x)$는 다항식)에서 분자 $g(x)$의 차수가 분모 $f(x)$의 차수보다 크면

$$\frac{g(x)}{f(x)}=q(x)+\frac{r(x)}{f(x)} \quad (\text{단, } (r(x)\text{의 차수}) < (f(x)\text{의 차수}))$$

로 바꿀 수 있다. 따라서 분자의 차수가 분모보다 작은 경우의 적분 방법만 알면 된다.

일반적으로 실수계수를 갖는 다항식은

$$x^3+1=(x+1)(x^2-x+1),$$
$$x^5+x^4-x-1=(x-1)(x+1)^2(x^2+1)$$

과 같이 실수계수를 갖는 일차식 또는 이차식의 곱으로 인수분해 된다.

한편 $g(x)$의 차수가 5 미만인 다항식일 때, 다음과 같이 부분분수로 분해할 수 있다.

$$\frac{g(x)}{x^5+x^4-x-1}=\frac{a}{x-1}+\frac{b}{x+1}+\frac{c}{(x+1)^2}+\frac{dx+e}{x^2+1} \quad (\text{단, } a,\ b,\ c,\ d,\ e\text{는 상수})$$

일반적으로 분자의 차수가 분모보다 작은 분수함수는 분모를 인수분해하여 다음과 같은 형태로 나타낼 수 있다.

$$\frac{a_1}{(x-\alpha)}+\frac{a_2}{(x-\alpha)^2}+\cdots+\frac{a_n}{(x-\alpha)^n}$$
$$+\frac{b_1x+c_1}{(x^2+bx+c)}+\frac{b_2x+c_2}{(x^2+bx+c)^2}+\cdots+\frac{b_mx+c_m}{(x^2+bx+c)^m}+\cdots$$

보기

부정적분 $I=\int\frac{x}{x^2-3x+2}dx$를 구해보자.

$x^2-3x+2=(x-1)(x-2)$이므로

$$\frac{x}{x^2-3x+2}=\frac{a}{x-1}+\frac{b}{x-2}$$

라고 놓으면 $x=a(x-2)+b(x-1)$에서 $a=-1$, $b=2$이고, 다음이 성립한다.

$$\begin{aligned}I&=\int\frac{x}{(x-1)(x-2)}dx=\int\left(\frac{-1}{x-1}+\frac{2}{x-2}\right)dx\\&=-\int\frac{1}{x-1}dx+2\int\frac{1}{x-2}dx\\&=-\ln|x-1|+2\ln|x-2|+C\end{aligned}$$

예제 1 다음 부정적분을 구하라.

(1) $I=\int\frac{3x^4+3x^3-5x^2+2x-6}{x^2+x-2}dx$ (2) $I=\int\frac{2x^3-4x^2-8}{(x^2-x)(x^2+4)}dx$

풀이 (1) $\frac{3x^4+3x^3-5x^2+2x-6}{x^2+x-2}=3x^2+1+\frac{x-4}{x^2+x-2}$이고,

$\frac{x-4}{x^2+x-2}=\frac{-2}{x+2}+\frac{1}{x-1}$이므로 다음이 성립한다.

$$\begin{aligned}I&=\int(3x^2+1)dx+2\int\frac{1}{x+2}dx-\int\frac{1}{x-1}dx\\&=x^3+x+2\ln|x+2|-\ln|x-1|+C\end{aligned}$$

(2) $\dfrac{2x^3-4x^2-8}{(x^2-x)(x^2+4)}=\dfrac{2x^3-4x^2-8}{x(x-1)(x^2+4)}=\dfrac{a}{x}+\dfrac{b}{x-1}+\dfrac{cx+d}{x^2+4}$ 에서

$2x^3-4x^2-8=a(x-1)(x^2+4)+bx(x^2+4)+(cx+d)x(x-1)$

이므로 $a=2,\ b=-2,\ c=2,\ d=0$이다.

$$\therefore\ I=2\int\frac{1}{x}dx-2\int\frac{1}{x-1}dx+\int\frac{2x}{x^2+4}dx$$

$$=2\ln|x|-2\ln|x-1|+\ln(x^2+4)+C$$ ■

예제 2 다음 적분을 구하라.

(1) $I=\displaystyle\int\frac{3x^2-8x+13}{(x+3)(x-1)^2}dx$ (2) $I=\displaystyle\int\frac{8}{x(x^2+2)^2}dx$

풀이 (1) $\dfrac{3x^2-8x+13}{(x+3)(x-1)^2}=\dfrac{a}{x+3}+\dfrac{b}{x-1}+\dfrac{c}{(x-1)^2}$ 에서

$3x^2-8x+13=a(x-1)^2+b(x+3)(x-1)+c(x+3)$

이므로 $a=4,\ b=-1,\ c=2$이다.

$$\therefore\ I=4\int\frac{1}{x+3}dx-\int\frac{1}{x-1}dx+2\int\frac{1}{(x-1)^2}dx$$

$$=4\ln|x+3|-\ln|x-1|-\frac{2}{x-1}+C$$

(2) $\dfrac{8}{x(x^2+2)^2}=\dfrac{a}{x}+\dfrac{bx+c}{x^2+2}+\dfrac{dx+e}{(x^2+2)^2}$ 에서

$8=a(x^2+2)^2+(bx+c)x(x^2+2)+(dx+e)x$ 이므로

$a=2,\ b=-2,\ c=0,\ d=-4,\ e=0$이다.

$$\therefore\ I=\int\frac{2}{x}dx-\int\frac{2x}{x^2+2}dx-\int\frac{4x}{(x^2+2)^2}dx$$

$$=2\ln|x|-\ln(x^2+2)+\frac{2}{x^2+2}+C$$

$$=\frac{2}{x^2+2}+\ln\frac{x^2}{x^2+2}+C$$ ■

연습문제 6.3

1. 다음 부정적분을 구하라.

(1) $\displaystyle\int \frac{1}{(x-1)^7}dx$

(2) $\displaystyle\int \frac{x}{(x+1)(x+2)}dx$

(3) $\displaystyle\int \frac{4x+1}{x(x+1)}dx$

(4) $\displaystyle\int \frac{3x-1}{x^2+x-6}dx$

2. 다음 부정적분을 구하라.

(1) $\displaystyle\int \frac{x^2-3x-1}{x(x+1)^2}dx$

(2) $\displaystyle\int \frac{x+4}{(x+1)^2}dx$

(3) $\displaystyle\int \frac{x^3}{x^2-x-6}dx$

(4) $\displaystyle\int \frac{x^3-6x^2+12x-10}{x^2-5x+6}dx$

(5) $\displaystyle\int \frac{5x^2-2x-9}{(x-1)(x+2)(x-3)}dx$

(6) $\displaystyle\int \frac{3x^2-13x-2}{(x+2)(x-4)^2}dx$

3. 다음 정적분을 구하여라.

(1) $\displaystyle\int_2^3 \frac{1}{x^3+x}dx$

(2) $\displaystyle\int_2^3 \frac{1}{x^3-x}dx$

(3) $\displaystyle\int_0^1 \frac{1}{x^4+x^2+1}dx$

(4) $\displaystyle\int_1^2 \frac{x^2+2x+3}{x+1}dx$

연습문제 해답

연습문제 1장

연습문제 1.1

1. (1) 정의역: $(-\infty,\infty)$, 치역: $[0,\infty)$

(2) 정의역: $(-\infty,-1]\cup[1,\infty)$, 치역: $[0,\infty)$

2. 위로의 함수: (1), (2), (3)

일대일함수: (3), (4)

일대일대응: (3)

3. $(f\circ g)(x)=x\ (x\geq 0)$, $(g\circ f)(x)=|x|$

4. (1) $y=\sqrt{x}+1\ (x\geq 0)$ (2) $y=(x-1)^3\ (x\in\mathbb{R})$

연습문제 1.2

1. (1) 0 (2) $\frac{5}{6}$ (3) $\frac{1}{2}$ (4) $\frac{1}{4}$

2. (1) $\frac{1}{2}$ (2) -1

3. (1) 우극한과 좌극한이 다르므로 극한값이 존재하지 않는다.

(2) a^2

4. (1) 0 (2) ∞

5. (1) 0 (2) -273℃

연습문제 1.3

1. (1) 연속 (2) 연속이 아니다.

(3) 연속이 아니다.

2. (1) $x=0$에서 연속 (2) $x=0$에서 불연속이다.

(3) $x=0$에서 불연속이다. (4) $x=-1$에서 불연속이나, $x=1$에서는 연속이다.

3. (1) $[3,\infty)$ (2) $(-\infty,-1)$, $(-1,\infty)$

4. (1) 생략 (2) 생략

연습문제 1.4

1. (1) $x=\frac{\pi}{2}$ (2) $\frac{\pi}{3}\leq x\leq\frac{2}{3}\pi$ 또는 $\frac{4}{3}\pi\leq x\leq\frac{5}{3}\pi$

2. 생략

3. (1) $\frac{5}{2}$ (2) 3 (3) $\frac{2}{3}$ (4) 0

(5) 2 (6) 2 (7) 1 (8) 0

4. (1) 1 (2) 0 (3) 1

5. 존재하지 않는다.

6. 생략

연습문제 1.5

1. (1) $x=-2$ (2) $x>-\frac{2}{5}$ (3) $x=-5,\ 2$ (4) $2<x\le 3$

2. (1) $\ln\frac{(x+1)^2}{x}$ (2) $\ln\sqrt{x^2-9x}\ \ (x>2)$

(3) $\ln\frac{x^2(x-2)}{x+2}\ \ (x>2)$ (4) $-\ln(x-3)$

3. $\ln x$ 는 연속함수이고, $\lim_{x\to 0}\frac{\sin x}{x}=1$ 이므로 $\lim_{x\to 0}\ln\left(\frac{\sin x}{x}\right)=\ln 1=0$ 이다.

4. (1) e^a (2) e^a (3) $\log_a e$

연습문제 2장

연습문제 2.1

1. $3a^2+3a\Delta x+(\Delta x)^2$

2. (1) $f'(10)=0$

(2) $f'(\sqrt{3})=2\sqrt{3}$

3. 미분가능하다.

4. (1) 미분가능하지 않다.

(2) 미분가능하다.

5. $x=c$

6. (1) $y'=\frac{1}{x^2}$ (2) $y'=\frac{1}{2\sqrt{x}}$

7. $y''=2\sqrt{3}$, $y^{(3)}=0$

8. 8

연습문제 2.2

1. (1) $f'(x)=0$ (2) $f'(x)=100x^{99}$

(3) $f'(x)=2x+3$ (4) $f'(x)=4x^3-2x$

(5) $f'(x)=-6x^2+6x-1$

(6) $f'(x)=27x^8+8x^7+24x+4$

2. (1) $y'=24x^5+6x^2$ (2) $y'=-3-8x$

(3) $y'=x^2+x+1$ (4) $y'=8x^3-3x^2+4x-1$

3. (1) 372 (2) 26

4. $y'=3(x^2+x)^2(2x+1)$, $y''=6x(x+1)(5x^2+5x+1)$

5. (1) 1 (2) -4

6. 6만 원

연습문제 2.3

1. (1) $-\dfrac{1}{(x+1)^2}$ (2) $\dfrac{-5x^4+4}{(x^5+4x)^2}$

(3) $\dfrac{-x^2+1}{(x^2+1)^2}$ (4) $\dfrac{6x^3+12x^2+3}{(3x+4)^2}$

2. (1) $-30x^{-4}$ (2) $\dfrac{-5+2x^3}{x^6}$

(3) $-999x^{-1000}$ (4) $\dfrac{-5x^5-10}{x^{11}}$

3. (1) $-\dfrac{1}{9}$ (2) $-\dfrac{1}{4}$

4. 약 -0.0005283

5. 1.44배

연습문제 2.4

1. (1) $f'(x)=10(2x+1)^4$

(2) $f'(x)=9(x^4+x)^2$

(3) $f'(x)=4000(x^3+x)^{1999}$

(4) $10(3x^2+2x+1)^4(3x+1)$

2. (1) $f'(x)=\dfrac{-15}{(3x+2)^6}$ (2) $f'(x)=\dfrac{6}{(1-2x)^4}$

(3) $f'(x)=\dfrac{-2x+1}{(x^2-x+1)^2}$　　(4) $f'(x)=\dfrac{-8x-4}{(x^4+2x+1)^3}$

3. (1) $f'(x)=2(2x+1)^4(7x^2+x+5)$

(2) $f'(x)=(x+2)(x+3)^2(6x^2+22x+18)$

(3) $f'(x)=-\dfrac{(x+1)^2(2x+11)}{(2x-1)^5}$

(4) $f'(x)=-\dfrac{2(2x+1)^2(3x^3+3x^2+2x+1)}{(x^3-2x-1)^3}$

4. 4222.8

연습문제 2.5

1. (1) $\dfrac{dy}{dx}=\dfrac{9x}{16y}$ (단, $y\neq 0$)　　(2) $y'=\dfrac{x}{y}$ (단, $y\neq 0$)

(3) $y'=-\dfrac{x^2+y}{x+y^2}$ (단, $x+y^2\neq 0$)　　(4) $\dfrac{dy}{dx}=\dfrac{-2x}{x+2y}$ (단, $x+2y\neq 0$)

2. (1) $\dfrac{dy}{dx}=\dfrac{5}{3y^2}$ (단, $y\neq 0$)　　(2) $y'=\dfrac{3x^2-1}{4y^3}$ (단, $y\neq 0$)

(3) $\dfrac{dy}{dx}=-\sqrt{\dfrac{y}{x}}$ (단, $x>0,\ y\geq 0$)

(4) $\dfrac{dy}{dx}=-\dfrac{y^2}{x^2}$ (단, $x\neq 0$)

3. (1) $\dfrac{dy}{dx}=\dfrac{1}{1-3y^2}$ (단, $1-3y^2\neq 0$)

(2) $\dfrac{dy}{dx}=\dfrac{1-3(x+2y)^2}{6(x+2y)^2}$ (단, $x+2y\neq 0$)

4. $\dfrac{4}{3}$

5. 2.25(m/sec)

6. 3.14시간 줄어든다.

연습문제 2.6

1. (1) $\dfrac{1}{3x^2}$ (단, $x\neq 0$)　　(2) $-\dfrac{(5x-1)^2}{10}$

(3) $-\dfrac{(3x-1)^6}{30(3x+1)^4}$　　(4) $\dfrac{x^2}{x^2-1}$

2. (1) $\dfrac{1}{5\sqrt[5]{(x-3)^4}}$ (2) $\dfrac{1}{3y^2+1}$

(3) $\dfrac{1}{3\sqrt[3]{(x-3)^2}}$ (4) $\dfrac{1}{5\sqrt[5]{(x+2)^4}}$

3. (1) $\dfrac{1}{4}$ (2) $\dfrac{1}{7}$ (3) $\dfrac{1}{35}$ (4) $-\dfrac{1}{4}$

4. (1) $f^{-1}(x)=\dfrac{-dx+b}{cx-a}$ (2) $(f^{-1})'(x)=\dfrac{-ad-bc}{(cx-a)^2}$

5. 생략

연습문제 2.7

1. 생략

2. (1) $f'(x)=\dfrac{x\cos x-\sin x}{x^2}$ (2) $f'(x)=2x\cos x-x^2\sin x$

(3) $f'(x)=\sec x(\tan^2 x+\sec^2 x)$ (4) $f'(x)=-\cos x\sin(\sin x)$

(5) $f'(x)=2x\sec^2(1+x^2)$ (6) $f'(x)=\dfrac{\sec x(\tan x-1)}{(1+\tan x)^2}$

3. (1) $\dfrac{dy}{dx}=2xe^{x^2}$ (2) $\dfrac{dy}{dx}=3^{\sqrt{x}}\dfrac{1}{2\sqrt{x}}\ln 3$

(3) $\dfrac{dy}{dx}=\ln\dfrac{1}{4}\cdot\ 2^{-x^2}\cdot\ x$ (4) $\dfrac{dy}{dx}=(1-3x)e^{-3x}$

4. (1) $y'=\dfrac{3x^2}{x^3+1}$ (2) $y'=\dfrac{2\ln x}{x}$

(3) $y'=\cot x$ (4) $y'=\dfrac{1}{4\sqrt{x}+2x}$

(5) $y'=\dfrac{1}{2x\sqrt{\ln x}}$ (6) $y'=-\dfrac{\sin(\ln x)}{x}$

5. (1) $\dfrac{dy}{dx}=-\dfrac{y}{x(y+1)}$ (2) $\dfrac{dy}{dx}=\dfrac{\cos y}{1+x\sin y}$

6. (1) $\dfrac{dy}{dx}=\dfrac{(2x+3)(3x+4)}{5x+6}\left(\dfrac{2}{2x+3}+\dfrac{3}{3x+4}-\dfrac{5}{5x+6}\right)$

(2) $\dfrac{dy}{dx}=\sqrt{\dfrac{x^2+1}{x^2-1}}\left(\dfrac{x}{x^2+1}-\dfrac{x}{x^2-1}\right)$

(3) $\dfrac{dy}{dx}=x^x(\ln x+1)$

(4) $\dfrac{dy}{dx}=x^{\sin x}\left(\cos x\ln x+\dfrac{\sin x}{x}\right)$

연습문제 3장

연습문제 3.1

1. (1) -3 (2) -5 (3) 4 (2) $2e^4$

2. (1) $y=x-3$ (2) $y=2x-2$ (3) $y=-2x+\pi$

3. $a=-3,\ b=6,\ f'(2)=0$

4. (1) 접선의 방정식 : $y=-\frac{1}{2}x+\frac{5}{2}$, 법선의 방정식 : $y=2x$

(2) 접선의 방정식 : $y=-\frac{1}{2}x+\frac{\pi}{12}+\frac{\sqrt{3}}{2}$, 법선의 방정식 : $y=2x-\frac{\pi}{3}+\frac{\sqrt{3}}{2}$

5. (1) $y=3x-\frac{9}{2}, y=-x-\frac{1}{2}$ (2) $y=3x+1$

(3) $y=\frac{\sqrt{2}}{4}x+\frac{\sqrt{2}}{2}$ (4) $y=ex$

6. 16

연습문제 3.2

1. (1) $c=4$ (2) $c=\frac{\pi}{4}, \frac{3\pi}{4}$

2. $c=\frac{\sqrt{5}}{2}$

3. (1) 증가하는 구간 : $\left(\frac{3}{2}, \infty\right)$, 감소하는 구간 : $\left(-\infty, \frac{3}{2}\right)$

(2) 증가하는 구간 : $\left(-\infty, \frac{1}{2}\right)$, 감소하는 구간 : $\left(\frac{1}{2}, \infty\right)$

(3) 증가하는 구간 : $(-\infty, -2)\cup(0, \infty)$, 감소하는 구간 : $(-2, 0)$

(4) 증가하는 구간 : $(-\infty, \infty)$

4. (1) 극댓값 : $f(0)=1$, 극솟값 : $f(2)=-3$

(2) 극댓값 : $f(0)=2$, 극솟값 : $f(-2)=-2$

(3) 극댓값 : $f\left(\frac{\pi}{3}\right)=2$, 극솟값 : $f\left(\frac{4}{3}\pi\right)=-2$

(4) 극댓값 : $f\left(\frac{\pi}{6}\right)=\frac{3\sqrt{3}}{2}$, 극솟값 : $f\left(\frac{5\pi}{6}\right)=-\frac{3\sqrt{3}}{2}$

5. $a=4,\ b=3$

6. $k<\frac{1}{4}$

7. 생략

연습문제 3.3

1. (1) $x=2$일 때 극솟값 : -7 (2) $x=-4$일 때 극댓값 : 1

2. (1) 실수 전체에서 위로 볼록

(2) 아래로 볼록: $(1, \infty)$, 위로 볼록: $(-\infty, 1)$, 변곡점의 좌표 : $\left(1, \frac{4}{3}\right)$

(3) 아래로 볼록: $(-\infty, -1)$, 위로 볼록: $(-1, \infty)$, 변곡점의 좌표: $(-1, 2)$

(4) 아래로 볼록: $\left(\frac{\pi}{2}, \frac{3\pi}{2}\right)$, 위로 볼록: $\left(0, \frac{\pi}{2}\right), \left(\frac{3\pi}{2}, 2\pi\right)$

변곡점의 좌표: $(-1, 2)$ $\left(\frac{\pi}{2}, 0\right), \left(\frac{3\pi}{2}, 0\right)$

3. (1) 극소점 : $\left(\frac{2}{3}, -\frac{4}{27}\right)$, 극대점 : $(0, 0)$, 변곡점 : $\left(\frac{1}{3}, -\frac{2}{27}\right)$

(2) 극소점 : $(-1, -9)$, 극대점 : $(3, 55)$, 변곡점 : $(1, 23)$

(3) 극소점 : $(-\sqrt{2}, 0)$, $(\sqrt{2}, 0)$, 극댓점 : $(0, 12)$

변곡점 : $\left(-\frac{\sqrt{6}}{3}, \frac{16}{3}\right), \left(\frac{\sqrt{6}}{3}, \frac{16}{3}\right)$

(4) 변곡점 : $(0, 2)$

(5) 극소점 : $(1, -2)$, 극대점 : $(-1, 2)$

변곡점 : $(0,0)$, $\left(-\frac{\sqrt{2}}{2}, \frac{\sqrt{2}}{8}\right), \left(\frac{\sqrt{2}}{2}, -\frac{\sqrt{2}}{8}\right)$

(6) 극대점 :$(0, 1)$, 변곡점: $\left(-\frac{\sqrt{2}}{2}, \frac{1}{\sqrt{e}}\right), \left(\frac{\sqrt{2}}{2}, \frac{1}{\sqrt{e}}\right)$

4. 생략

연습문제 3.4

1. (1) 최댓값 : 1, 최솟값 : -4　　(2) 최댓값 : 64, 최솟값 : 0

(3) 최댓값 : $\frac{1}{e}$, 최솟값 : 0　　(4) 최댓값 : $\sqrt{2}$, 최솟값 : -1

2. $r : h = 2 : 1$

3. 0.9시간

4. (1) 한 개의 실근　　(2) 서로 다른 두 개의 실근

5. (1) $-5 < p < 0$　　(2) $k > 1$

6. 생략

연습문제 3.5

1. 속도 : -9, 가속도 : 6, 속력 : 9

2. 405m

3. 5m/초

4. $\frac{1}{\pi}$cm/sec

5. 겉넓이의 변화율 : $240\pi(\text{cm}^2/\text{s})$, 부피의 변화율 : $3600\pi(\text{cm}^3/\text{s})$

6. $-15(\text{m/s})$

7. $\frac{dV}{dt}=4\pi r^2\frac{dr}{dt}=kS$ (단, k는 비례상수), $S=4\pi r^2$에서 $\frac{dr}{dt}=k$이므로

$\frac{dS}{dt}=8\pi r\frac{dr}{dt}=(8k\pi)r$ 이다. 즉 겉넓이의 변화율은 반지름의 길이에 비례한다.

8. $\frac{6775}{2}$ (cm^3/주)

9. $-25ke^{-10k}$

10. (1) $\frac{\sqrt{3}\pi}{6}$ (m/시) (2) 3m, 9m

11. -0.04 (라디안/S)

연습문제 4장

연습문제 4.1

1. (1) $\frac{x^4}{4}+C$ (2) $\frac{\sqrt{2}}{2016}x^{2016}+C$

(3) $\frac{3}{2}x^2+5x+C$ (4) $x^3-\frac{7x^2}{2}+4x+C$

(5) $\frac{1}{3}x^3-5x^2+25x+C$ (6) $\frac{x^4}{4}-\frac{5x^3}{3}+3x^2+C$

2. (1) $\cos x+x+C$ (2) $-\cot x+C$

(3) $\sec x+C$ (4) $\frac{1}{2}x+\frac{1}{2}\sin x+C$

3. (1) $\frac{e^x+e^{-x}}{2}+C$ (2) $e^x-2\ln|x|+C$

(3) $\frac{4^x}{\ln 4}+\frac{2^x}{\ln 2}+C$ (4) $2e^x-\frac{3^x}{\ln 3}+C$

4. (1) $\ln|x^5+1|+C$ (2) $-\frac{1}{3}\ln|1+\cos 3\theta|+C$

(3) $\ln|\sin x|+C$ (4) $-\ln|\csc x+\cot x|+C$

5. 생략

연습문제 4.2

1. (1) -30 (2) -42

(3) -36

2. (1) $\int_0^1 x^2 dx$ (2) $\int_0^1 (1+2x)^3 dx$

3. (1) $\frac{9}{2}$ (2) $\frac{2}{3}$

4. (1) $-\frac{63}{16}$ (2) $-\frac{27}{4}$

5. (1) 8 (2) 34

연습문제 4.3

1. (1) $x-5$ (2) x^3-x^2+3x+1

(3) x^2-5x+3 (4) $-x^2-7$

(5) $2x\sqrt{6x^2+3}-3\sqrt{6x+3}$ (6) $2x^5+12x^3-8x^2+10x-2$

2. (1) $\frac{1}{6}$ (2) $\frac{56}{3}$ (3) $\frac{9}{2}$ (4) $\frac{1}{2}(e^{\pi}-3)$

3. 생략

4. (1) $x=1,\ 3,\ 5$ (2) $x=5$ (3) $(2, 4)$ (4) $x=1,\ 3,\ 5$

연습문제 4.4

1. 7

2. 26

3. $\int_{-1}^{5} f(x)dx$

4. 17

5. (1) 2 (2) $\frac{1}{2}\ln\frac{7}{5}$

6. 생략

7. (1) $\sqrt[3]{10}$ (2) $\frac{5}{4}$

8. 생략

연습문제 5장

연습문제 5.1

1. (1) $\frac{71}{6}$ (2) $1-e^{-\pi}$ (3) $\frac{4}{3}$ (4) 16

2. (1) $\frac{9}{2}$ (2) 9 (3) $\frac{5\sqrt{2}}{2}-2$ (4) 8

3. $a=1$

4. $\frac{8}{3}(\sqrt{2}-1)$

5. $m=\frac{1}{9}a^2$

연습문제 5.2

1. (1) $\frac{108}{5}\pi$ (2) $\frac{9\sqrt[3]{9}}{5}\pi$ (3) $\frac{16}{3}\pi$ (4) $\frac{16}{3}\pi$

2. $a=\frac{4}{5}$

3. (1) $\frac{60+32\sqrt{2}}{15}\pi$ (2) $\frac{832}{15}\pi$

4. $\frac{27}{2}\pi$

연습문제 5.3

1. (1) $\frac{1}{27}(13\sqrt{13}-8)$ (2) $\frac{14}{3}$

2. (1) $\int_0^{\pi}\sqrt{1+\sin^2 x}\,dx$ (2) $\int_0^1\sqrt{1+9y^4}\,dy$

3. (1) $\frac{98\pi}{81}$ (2) $\frac{49\pi}{3}$

(3) $48\sqrt{2}\pi-24\pi$

4. (1) $\frac{1}{9}\pi(2\sqrt{2}-1)$ (2) $\frac{35\sqrt{5}}{3}\pi$

연습문제 5.4

1. 15(km)

2. $\frac{261}{2}$(m)

3. (1) $f(t) = t^3 - 4t^2 + 4t,\ g(t) = 12t - 4t^2$

(2) $2\sqrt{2}$ 초 후 (3) $\dfrac{2\sqrt{6}}{3}$ 초

4. 108

연습문제 6장

연습문제 6.1

1. (1) $\dfrac{2}{5}(x^2+4)^{\frac{5}{2}} + C$ (2) $\dfrac{-1}{4(x^8+4x-1)} + C$

2. (1) $\dfrac{\sin(x^2+2x)}{2} + C$ (2) $-\cos(x+4) + C$

(3) $\dfrac{(x^5+x)^{101}}{101} + C$ (4) $\sqrt{x^2+2x+3} + C$

3. (1) $\dfrac{1}{25}\cos 5x + \dfrac{1}{5}x\sin 5x + C$ (2) $(x^2-2)\sin x + 2x\cos x + C$

(3) $(x+1)e^x + C$ (4) $\dfrac{e^{3x}(9x^2-6x+2)}{27} + C$

(5) $\cos x^2 + x^2 \sin x^2 + C$ (6) $\dfrac{x^3}{9}(3\ln x - 1) + C$

4. (1) $2\sqrt{3} - \dfrac{2}{3}$ (2) $\dfrac{2}{9}(625\sqrt{5} - 81\sqrt{3})$

(3) $-\dfrac{1}{3}$ (4) $\dfrac{1}{2}(e^{\frac{\pi}{2}} - 1)$

(5) $9\ln 3 - 6$ (6) $e - 2$

5. $\dfrac{\sin^2 x}{2} + C$

연습문제 6.2

1. (1) $\dfrac{1}{7}\cos^7 x - \dfrac{1}{5}\cos^5 x + C$ (2) $\dfrac{1}{6}\sin^6 x - \dfrac{1}{8}\sin^8 x + C$

(3) $\dfrac{1}{9}\sin^9 x - \dfrac{2}{7}\sin^7 x + \dfrac{1}{5}\sin^5 x + C$

(4) $\dfrac{1}{8}\left(\dfrac{1}{2}x - \dfrac{1}{8}\sin 4x - \dfrac{1}{6}\sin^3 2x\right) + C$

(5) $\frac{1}{8}\tan^8 x+\frac{1}{3}\tan^6 x+\frac{1}{4}\tan^4 x+C$

(6) $\frac{1}{20}\sin 10x+\frac{1}{4}\sin 2x+C$

2. 생략

3. (1) 생략

(2) $\frac{\pi}{2}-x=t$라 하면 $dx=-dt$이고,

$x=0$일 때 $t=\frac{\pi}{2}$, $x=\frac{\pi}{2}$일 때 $t=0$이므로

$$\int_0^{\frac{\pi}{2}}\cos^n x dx=\int_0^{\frac{\pi}{2}}\sin^n\left(\frac{\pi}{2}-x\right)dx=\int_{\frac{\pi}{2}}^0\sin^n t(-dt)=\int_0^{\frac{\pi}{2}}\sin^n t dt$$

4. (1) $\frac{8}{15}$ (2) $\frac{16}{35}$

5. $\frac{9}{4}\left(\frac{\pi}{3}+\frac{\sqrt{3}}{2}\right)$

연습문제 6.3

1. (1) $-\frac{1}{6(x-1)^6}+C$ (2) $\ln\left|\frac{(x+2)^2}{x+1}\right|+C$

(3) $\ln|x|+3\ln|x+1|+C$ (4) $\ln|x-2|+2\ln|x+3|+C$

2. (1) $\ln\left|\frac{(x+2)^2}{x}\right|+\frac{3}{x+1}+C$ (2) $-\frac{3}{x+1}+\ln|x+1|+C$

(3) $x+\frac{x^2}{2}+\frac{27}{5}\ln|x-3|+\frac{8}{5}\ln|x+2|+C$

(4) $-x+\frac{x^2}{2}-\ln|x-3|+2\ln|x-2|+C$

(5) $3\ln|x-3|+\ln|x-1|+\ln|x+2|+C$

(6) $\frac{1}{x-4}+2\ln|x-4|+\ln|x+2|+C$

3. (1) $\ln 2$ (2) $\ln 3-\frac{3}{2}\ln 2$

(3) $\frac{5}{2}\ln 2-\frac{3}{2}\ln 3$ (4) $\frac{5}{2}+2\ln\frac{3}{2}$

찾아보기

이정례
대진대학교 수학과 교수

곽태근
대진대학교 수학과 교수

이성진
대진대학교 수학과 교수

김원배
대진대학교 수학과 교수

김봉진
대진대학교 수학과 교수

(개정판) 미분적분학의 기초와 활용

개정판 2쇄 발행 2020년 2월 20일

지은이 이정례 · 곽태근 · 이성진 · 김원배 · 김봉진 펴낸이 오판근
펴낸곳 (주) 교우
주 소 서울시 동대문구 약령시로 8 교우빌딩 2층 (주)교우
전 화 02-925-2861 / 팩 스 02-925-2860. 편집부 02-925-2825
홈페이지&북스토어 www.kyowoo.co.kr / 이메일 kyowoo@kyowoo.co.kr
등 록 1994년 3월 24일 제1994-000013호
ISBN 979-11-251-0079-9 (93410)

Published by Kyowoo Co., Ltd. Printed in Korea

값 15,000원

교우미디어는 (주) 교우의 Imprint 사입니다.
수학정원 · 과학정원은 (주) 교우의 새로운 브랜드명입니다.